AIGC
设计创意新未来

Nolibox计算美学 ——— 著

中国出版集团

中译出版社

编委会名单

作者

Nolibox 计算美学

主编

徐作彪　黄晟昱　付博铭　何宇健

编写支持（编委）

刘嘉澍　赵哲析　刘妍言　刘思佟
邓晓琳　郑小岳　许少芬　鲍　齐

学术顾问

刘　强　吴　琼

谨以此书
献给每一个 AIGC 领域的前沿探索者

名人推荐

　　本书探讨了 AI 在促进设计创新与方案多样性方面的潜能，为丰富设计师创意提供了独特的视角及方法。本书不仅阐述了科技与艺术的交叉融合，也深入揭示了人机协同的发展趋势，展望了更具创造性的未来。

鲁晓波

清华大学文科资深教授

中国美术家协会副主席

　　在 AIGC 推动的创意平民化、全民化进程中，人们生活中的每个角落都有被 AIGC 技术浸润的可能，传统意义上的创意和设计的学习门槛也被无限拉低。AIGC 究竟只是设计工具，还是已经触及了创意的本质？未来人类的设计创意将发生什么颠覆性的变化？本书希望通过系统梳理和解析当下 AIGC 介入设计创意活动的方式和表征，启发读者探寻开放性的答案。

娄永琪

教授，同济大学副校长

瑞典皇家工程学院院士

只有了解才能更好地应用。艺术设计领域的从业者和对相关领域感兴趣的人，一定不要错过这本书，因为它将带领你初探 AIGC 的世界。

张雷

清华大学美术学院工业设计系主任

教授，博士生导师

作为本书的学术指导，我非常期待读者们能从中挖掘到自身的兴趣点，本书除了系统地呈现了 AI 绘画技术发展的全景脉络，更重要的是通过各种有趣的实际应用场景，展现了人工智能技术与传统设计实践相结合的无限可能性，并为不同行业带来令人欣喜的全新创意生产方式。

无论你是不是设计创意领域的从业者，对于希望了解 AIGC，尤其是 AI 绘画能力在不同行业中实际运用的人士来说，我相信这本书一定是一部深入浅出的好指南。

刘强

清华大学美术学院教授，博士生导师

近年来，AI 在设计与艺术创作中展现了其惊人的潜力。数据显示，过去 18 个月，AI 已创造了 150 亿张图片，相当于人类从 1826 年到 1975 年这 150 年间的摄影产出。这种快速的发展使得更多人能够参与设计过程，并激发了多元化、具有冲击力的创作。当前，众多高校和企业对 AI 展现出浓厚的兴趣，期待它成为真正的生产力。但要充分利用 AI，设计师需具备跨学科能力和技术素养。尽管"AI+设计"受到热烈欢迎，但仍缺乏系统的指导文献。计算美学团队 Nolibox 自 2020 年成立以来，致力于推进"AI+设计"的融合，并累积了丰富的实践经验。他们不仅为读者提供了有关人工智能与设计结合的科普，还分享了自己的探索经历。我们期待 Nolibox 团队为设计行业带来更多的创新和启示，并相信他们在未来能为加速中国设计领域的高质量发展做出贡献。

吴群

浙江理工大学艺术与设计学院教授

博士生导师

在这个数字化时代，AI 绘画正以惊人的速度改变着艺术和设计的面貌，《AIGC 设计创意新未来》这本书是对这一前沿领域的全面探索。AI 绘画不仅仅是机器的绘画，更是设计师与 AI 共创的奇妙旅程。本书深入浅出地介绍了 AI 绘画的基本原理和最新技术，将 AI 与人类创造力的结合无比生动地展现在我们面前。从创意的灵感激荡到设计的实现过程，AI 已经成为设计师的得力助手。无论你是从业者还是爱好者，本书必将激发你对 AI 设计的无限热情，并带来全新的视野与启发。

柴春雷

浙江大学未来设计实验室副主任，教授，博士生导师我很荣幸有机会为大家推荐由 Nolibox 计算美学团队所撰写的《AIGC 设计创意新未来》这本书。在大模型时代，创造力的边界被无限扩大，这本书详细剖析了 AI 技术给艺术领域带来的变革，从技术原理、功能实操以及产业应用等全方面阐述了技术将如何改变人类设计创作的模式。

现在的 AI 大模型正以惊人的速度不断进化，就像计算机领域的"摩尔定律"，这样的进步速度能够让 AI 在艺术创作领域发挥更大的作用。正如书中所说，"艺术与科学总是在山脚下分手，最后又在山顶上相遇"，技术的发展正在带来艺术领域的一次深刻的生产力变革。对于绘画创作和艺术设计的从业者来说，这本书可以帮助大家从学术和产业两方面更好地了解 AI 绘画目前的生态，具备较高的参考意义。

田江川

初心资本管理合伙人

我非常荣幸能够为 Nolibox 计算美学团队倾心打造的《AIGC 设计创意新未来》写推荐语。这本书通过丰富翔实的案例全面且系统性地介绍了人工智能、机器学习、计算机视觉等前沿技术在绘画领域的发展及应用。

这是一本非常值得一读的 AI 书籍，它既能够让读者了解 AIGC 的发展，也可以让读者通过 AIGC 的发展这一视角了解到整个人工智能领域发展壮大的历程，同时引发读者对"我们将如何应对 AIGC 所带来的挑战，以及应该怎样拥抱未来 AIGC 所带来的机遇"的思考。这本书无论是对从事绘画创作和艺术设计的相关从业者，还是对对 AI 感兴趣的读者来说，都具有很高的参考价值。

刘亮

商汤科技高级总监

艺术与科技如两条螺旋线，在本质上是相通的，《AIGC 设计创意新未来》一书精彩地描绘了这两者的结合。书中揭示了 AI 如何降低艺术创作中的重复劳动，使艺术更加纯粹。它进一步展示了机器与人的艺术共创过程，这种共创丰富了人工智能的体系，甚至促使通用智能从艺术助手逐渐成长为美学伙伴。

从基本的 AI 绘画原理到前沿的设计实践案例，《AIGC 设计创意新未来》一书都进行了深入浅出的讲解，为渴望站在这波浪潮前沿的人们提供了启示。无论你是技术工作者，还是艺术创作者，这本书都值得你投入时间去阅读。

刘亚霄

亚马逊云科技大中华区首席技术官

绘画是人类表达和记录最为重要的方式之一，可以追溯到距今几万年前的早期文明的洞穴壁画。不同文明的绘画发展出丰富多样的风格和技法，成为人类文化和艺术的重要组成部分。19 世纪以来，摄影术、计算机辅助制图、虚拟现实等技术的出现，改变了绘画的观念和实践方式。近年来，人工智能技术的发展更是颠覆了传统绘画的创作方法，对绘画概念进行了重新定义。《AIGC 设计创意新未来》一书以深入浅出的方式介绍了 AI 绘画的历史、技术背景、生成方法、应用场景和前沿趋势等内容，适合对 AI 绘画感兴趣的艺术家、设计师和研究者阅读。通过本书，读者将深入了解 AI 绘画的发展脉络和技术原理，并思考 AI 技术对绘画领域的影响和挑战。

闵嘉剑

数字媒体艺术家

MYStudio 设计研究事务所主理人

AI，创造无限设计可能

马赛

清华大学美术学院院长

教授，博士生导师

在人类文明的长河中，艺术与科学始终是相互影响、相互促进的两大力量。当人工智能这一现代技术的巨轮与有着悠久传统的设计艺术相遇时，它们相互的碰撞与融合为我们打开了一个全新的世界。

不可否认的是，AI 与设计、艺术的结合为更多非专业人士提供了更多的创作机会，促进了设计创意的普惠，也引发了专业设计从业者对自身核心能力的思考。学术界和产业界中的探索者对人工智能和设计创意的融合充满了超乎想象的热情，他们在实践中不断学习、尝试和探索，希望将人工智能转化为实际创意生产力，为社会带来更多的创新与福祉。

身为一名设计领域的学者及教育工作者，我很欣喜地看到本书内容不仅聚焦于 AI+ 设计领域的技术原理及产业应用，而且输出了颇有价值的人文思考。在我看来，人工智能与设计的结合并非简单的工具应用，而是一个跨学科的综合研究领域。它涉及设计哲学、认知科学、技术伦理等多个领域，这也是本书试图在后半部分探讨的多样化思辨议题。通过对这些议题的深入剖析，我们可以更好地理解人工智能如何改变我们的设计思维、创意过程，以及对社会和文化产生影响。

虽然目前"AI+设计"的概念可谓万众瞩目，但相关领域仍然缺乏系统性研究和专著。Nolibox 计算美学作为从清华实验室里走出来的产学研转化团队，同时兼具了"理论创新"及"产品落地"的双重能力。作为国内最早从事 AI 设计领域的研究团队之一，他们完整地经历了"科研探索—技术研发—产品落地—产业应用"的过程。在这样的背景下，他们基于多年在学界及产业一线的实践沉淀和深度思考，以深入浅出的视角还原了"AI设计"真实的现在和未来。

我相信，随着人工智能在真实设计创意工作中扮演更加重要的角色，本书将成为读者认识和运用 AI 在设计中创造无限可能的重要桥梁，愿未来将有更多人可以通过 AI 参与到具有创造性的活动中来。

推荐序
AI 绘画，拓展对世界的
认知和表达

吴琼

清华大学美术学院教授，博士生导师
清华大学美术学院数据与智能创新设计研究所所长
清华清尚智慧场景创新设计研究院副院长

人工智能技术已经深入到设计领域，行业界、学术界和教育界都有高度的关注。技术对设计一直有非常重要的影响，它不仅提供了设计工具，带来新的设计任务，还开拓出一片新的设计领域。从 20 世纪 80 年代开始，大众已经可以感受到信息化浪潮席卷而来，再到网络时代、移动互联网时代、各类 APP 应用、物联网服务所带来的大数据与智能互联，我们这代人见证了很多了不起的技术变革、商业模式变革和产品设计的变革。现在，智能和计算成为设计领域从对象到工具层面都在讨论的热词，设计的定义、价值以及设计如何服务于人类和社会发展更深远的未来，这些问题都亟待从实践到研究层面的探索和总结。

如果用一个网络用语来描述当前 AIGC（人工智能生成内容，AI Generated Content）的应用和发展，那就是——"火出天际"。人工智能生成的设计有着很好的效果，可以满足很多场景的需要，尤其在网络时代，"大规模生产"与"个性化定制"都是典型的应用需求，而这种智能的、自动化的生成方式是解决这种需求的重要途径。

我身边有很多设计师和艺术家在关注 AIGC，也在积极地使用 AI 来辅助设计和创作。尽管我们常被 AI 的生成效率和成果所震惊，但大部分人认为目前 AI 仍然只是一个工具，如同摄影术的出现反而激发了很多艺术家去探索其他类型的肖像画形式，AI 最终会拓展人们对世界的认知和表达。

创新，是这个时代的精神。作为驱动创新的一种重要手段，设计已经成为诸多产业倚重的力量。国内的设计行业虽然起步较晚，但是随着经济尤其是互联网经济的快速发展，目前已经走向高质量发展的阶段。在充满丰富可能性的技术应用浪潮中，设计师会面临更多边界模糊、充满不确定性的问题，并且常常没有可遵循的经验和答案。从计算机诞生之日起，一个数字化的虚拟世界就和我们的真实世界共同发展、进化。人类的创造力和想象力、机器的计算力和生成力，这些力量结合在一起会形成一股强大的设计力，帮助人们探索、定义未来我们应该在什么样的世界中生活。在这个过程中，人机智能的深度协同是必然的趋势，设计师必须尽快调整自己的能力体系，学会充分发挥人工智能这个强大工具的力量，激发自己的潜能。

Nolibox 计算美学创始团队中的成员不少来自清华美院，他们对于设计、技术、艺术和科学的整合创新有着敏锐的感知和执着的追求。他们有着远大的理想，他们相信设计不仅会改变物的秩序，从设计对象到设计服务再到设计工具，他们的脑海中还有一个庞大的设计系统，他们的内心更有一腔改变设计的热情。我相信，他们的付出必有收获，他们的创造必会产生影响，他们的努力一定会被更多的人看见。

前言
艺术与科学总在
顶峰相遇

徐作彪

Nolibox 计算美学创始人 & 首席执行官

艺术与科学总是在山脚下分手，最后又在山顶上相遇。

——居斯塔夫·福楼拜（Gustave Flaubert），法国著名作家

科学和艺术是驱动人类文明前进的两个核心要素，前者代表着理性的逻辑推演，后者代表着感性的创意表达，伴随着历史的前行，"人工智能"和"艺术设计"成为当今时代这两个要素的代表性具象体现，我们熟知的"AI绘画"则正是科学与艺术再次相遇后的完美表达。

在"艺术与科学融合，驱动设计普惠"的愿景下，我们从 2019 年开始踏上了征程。依托清华大学相关研究所及课题组的支持，我们在"让机器学会设计创意"这条充满挑战的道路上探索数年，这也让"Nolibox 计算美学"成为国内最早聚焦于融合"人工智能"和"设计创意"的研究团队及科技企业之一，并在基础理论研究、前沿技术探索、产品工程化、商业场景应用层面积累了一定的宝贵经验。我们一直觉得前沿的创新探索并不是几个人的事情，而是需要行业相关从业者的一同前行，因此我们希望可以把这些有趣的行业经验及认知以科普的形式进行系统化的梳理，为关注 AIGC、对 AI 生成设计创意感兴趣的伙伴们提供一些有价值的参考和支撑，也希望以本书作为桥梁，连接来自各个领域的从业者，以及任何一个拥有创意想法的普通人加入 AI 绘画的未来生态建设中。

我们在 AIGC/AGI 的浪潮下进入了一个充满无限可能的时代。在这个时代，AI 绘画为设计师、艺术家和设计创意从业者们提供了颠覆式的设计创作工具，同时也让普通人可以跨越专业软件的技能门槛，打破设计创意的技能垄断，实现真正意义上的创作自由和设计普惠。本书将为读者们系统地讲解人工智能在视觉创意（绘画）领域的巨大潜力，以及它如何改变我们对设计创作方式的认知，同时也结合产业实际情况，真实而客观地揭露 AI 绘画的能力局限及发展风险。本书七个章节分别涵盖了 AI 绘画的发展历史、技术原理、功能实操、产业应用、生态建设及风险思辨。第一、二章节主要结合学术、产业界的标志性事件描绘了 AI 绘画前世今生的发展历程，深入浅出地详解 AI 绘画的底层技术原理及不同阶段的技术迭代发展动因；第三、四章节主要通过拆解 AI 绘画的多样化功能及实际应用方法，结合产业界的需求及 AI 绘画产品发展现状，提出了 AI 绘画在各创意行业的应用创新机会及未来场景落地趋势，为不同行业的从业者寻找 AI 绘画的机会点提供参考基础。第五、六章节聚焦在建立一个健康且可持续的 AI 绘画生态系统，为行业内的研究团队及初创企业提供开放创新、跨界合作的基础，同时，针对 AI 绘画未来发展中可能会遇到的版权、数据歧视等风险进行了深度思辨及探讨。第七章节则为"AI 绘画 30 问"，整合了 AI 绘画领域的相关从业者与不同科技媒体的深度访谈，并提炼出具有代表性的 30 个问答，全方位展示了行业内一线企业、从业者的思考及见解。

感谢筹备及编写阶段每一个与本书共行的伙伴，他们的经验和智慧让本书内容更加具有包容性和多样性，得以在很短的时间内和大家见面。本书由我和"Nolibox 计算美学"的黄晟昱、付博铭、何宇健负责主编并统筹，刘嘉澍和赵哲析负责审阅及修订，刘妍言、刘思佟、邓晓琳参与第四章的内容编写及完善，黄晟昱和赵哲析负责图片内容的设计。感谢郑小岳为本书第一章贡献想法和建议，许少芬律师针对第六章有关 AI 绘画法律风险内容的建议。感谢清华大学美术学院刘强老师、吴琼老师对本书学术方面的支持。感谢 AIGC 行业的伙伴为本书提供了丰富且前沿的案例支持。最后，很开心能在中译出版社的支持下分享"Nolibox 计算美学"在"AIGC 驱动设计创意"领域一路以来的研究、思考及经验积累，并通过 AI 绘画这一载体向读者全面介绍"生成式 AI"在图像视觉设计创意领域中强大的潜力及未来可能性，感谢出版社的编辑老师。

"艺术与科学总是在山脚下分手，最后又在山顶上相遇。" 我们相信这次的相遇不是终点，而是通往未来 AI 创作的新起点，也期待读者们能在书中寻找到属于自己的顶峰美景！

目录

目录

目录

AIGC 设计创意新未来

第一章
AI 绘画打开创作新方式

艺术挑战技术，技术启发艺术

——约翰·拉塞特（John Lasseter），著名导演

第 1 节 ╱ AI 绘画：AIGC 的门面担当

　　AIGC 是指利用人工智能技术生成的内容，包括 AI 绘画、AI 写作、AI 作曲等具体形式。在国际上，AIGC 对应的术语是"人工智能合成媒体（AI-generated Media / Synthetic Media）"，其定义为通过人工智能算法对数据或媒体进行生产、操控和修改的统称。作为继 PGC（Professional-Generated Content，专业生成内容）和 UGC（User-Generated Content，用户生成内容）之后的新型内容生产方式，AIGC 在 2022 年展现出惊人的发展速度和指数级的迭代速度。深度学习模型的不断完善、开源模式的推动以及大模型探索商业化的可能，都在助力 AIGC 的快速发展。2022 年，AI 绘画作品的夺冠和 ChatGPT 的出现，拉开了 AIGC 创作时代的序幕。在人工智能的发展历程中，如何让机器学会创作一直被视为难以逾越的天堑，"创造力"也因此被视为人类与机器最本质的区别之一。然而，人类的创造力也终将赋予机器创造力，这将把世界带入一个智能创作的新时代。

　　根据《人工智能生成内容（AIGC）白皮书（2022 年）》中的研究，AIGC 的发展历程可以分为三个阶段，即 20 世纪 50 年代至 90 年代中期的早期萌芽阶段、20世纪90年代至21世纪10年代中期的沉淀积累阶段、21世纪10年代中期至今的快速发展阶段。如今，超大规模、超多参数量的多模态大型神经网络正在成为学界和产业界共识，推动AIGC技术不断升级发展，例如Stable Diffusion、OpenAI、DALL·E2、ChatGPT和百度文心等。

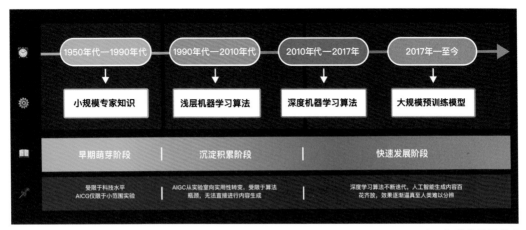

▲ 图1-1　人工智能发展历程图

　　尽管计算机早在1957年就已能够创作音乐，但在2022年，AIGC才真正迎来爆发。在这一年上半年，OpenAI发布了DALL·E2，下半年Stable Diffusion面世，AI作画大火。2022年11月底，OpenAI发布ChatGPT，次年2月注册人数突破1亿。2023年3月再次发布的GPT-4将AIGC技术推向了新的高峰。GPT-4对文字超强的理解能力及逆天的跨模态推理分析能力引发了人们对自身工作必要性的怀疑。虽然AIGC在许多现实场景中尚未达到人类的表现水平，但在许多专业和学术基准上则表现出与人类相当的性能，随之而来的是AIGC行业上中下游的各类玩家纷纷入场。图1-2为国内目前AIGC行业内的大模型、不同模态应用层、技术及云服务商等企业玩家，图1-3则是AIGC各类应用场景的技术落地转化率评估。

▲ 图 1-2 AIGC 产业全景图
（资料来源：量子位《AIGC/AI 生成内容产业展望报告》）

"AI 绘画"作为 AIGC 大家族中具有代表性的应用之一，利用算法和技术生成图像，可以实现从文本到图像（Text2Image）或从图像到图像

（Image2Image）的转换，自动生成具有一定创意及艺术性的图像作品。这种惊人的 AI 创造能力为从业者在早期概念阶段带来了创意表达的多样性，但另一方面，AI 在内容生产领域中的进化速度令创意领域的从业

▲ 图 1-3　AIGC 各类应用场景的技术落地转化率评估
（资料来源：量子位《AIGC/AI 生成内容产业展望报告》）

者对未来感到担忧与迷茫。从样本规则、机器学习，再到智能创造，从 PGC、UGC 到 AIGC，我们正在见证一场深刻的生产力变革。这场变革将会把我们引向何方，我们不敢断言，但值得肯定的一点是，它将深刻地改变我们的创意生产方式。接下来，我们会聚焦在 AI 绘画领域，结合生动的比喻和有趣的案例，带领大家详细了解 AI 绘画发展历程、技术原理，直面当下行业应用的机遇与挑战，思辨 AI 绘画的生态与未来。

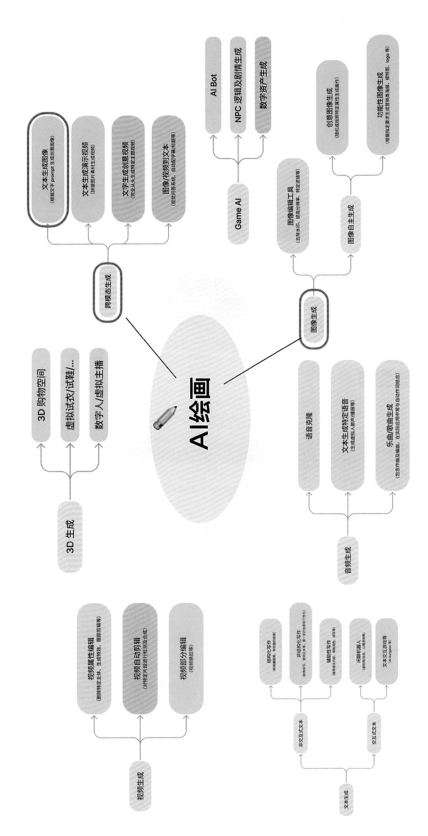

AI绘画

跨模态生成

- 文本生成图像（根据文字 prompt 生成创意图像等）
- 文本生成演示视频（拼接图片、素材生成视频）
- 文字生成创意视频（完全从头生成特定主题的视频）
- 图像/视频到文本（视觉问答系统、自动配字幕/标题等）

3D生成

- 3D购物空间
- 虚拟试衣/试鞋……
- 数字人/虚拟主播

图像生成

- Game AI
  - AI Bot
  - NPC 逻辑及剧情生成
  - 数字资产生成
- 图像编辑工具（去除水印、提高分辨率、特定滤镜等）
- 图像自主生成
  - 创意图像生成（随机或根据特定属性生成图像等）
  - 功能性图像生成（根据需求生成更实用类海报、营销图、logo 等）

音频生成

- 语音克隆
- 文本生成特定语音器（生成指定人声内容播报）
- 乐曲/歌曲生成（包含作曲及编曲，在不同应用中带来与众不同的创新性）

视频生成

- 视频属性编辑（删除特定主体、生成特效、图层剪辑等）
- 视频自动剪辑（对特定内容进行标注及剪辑）
- 视频部分编辑（视频超分等）

文本生成

- 非交互式文本
  - 结构化写作（新闻播报、知识问答等）
  - 非结构化写作（剧情续写、营销文案、诗词等）
- 交互式文本
  - 辅助式写作（基于素材的修改及润色，如校对）
  - 闲聊机器人（虚拟男女友、心理辅导等）
  - 文本交互游戏（AI Dungeon 等）

▲ 图 1-4　AIGC 中的 AI 绘画细分
（资料来源：量子位）

第 2 节 / AI 绘画的前世今生

2022 年 8 月，在美国科罗拉多州博览会举办的一场艺术博览会上，一幅名为《太空歌剧院》的画作获得了数字艺术奖项类的一等奖。画面

▲ 图 1–5　知名 AI 绘画作品《太空歌剧院》

（资料来源：https://www.nytimes.com/2022/09/02/technology/ai-artificial-intelligence-artists.html）

展现的场景相当震撼，几个穿着复古长裙的女人站在华丽的宫殿之中，背后是宏大广袤的宇宙。获奖之后，"原作者"贾森·艾伦公开承认，《太空歌剧院》这幅画作是通过 AI 绘图软件制作的，整个过程耗时 80 个小时，调整了近千版。但伴随而来的，除了大家对生成式 AI 技术能力的惊叹以外，还有全球设计创意从业者针对 AI 绘画这种创作形式的各类争议。

绘画一直以来都被认为是人类独有的一种艺术创作形式，是一种基于"非线性的直觉思维"对于客观世界的主观表达，这种表达形式伴随着我们"从人猿进化到现代人类"的漫漫历史长河，也是在早期 AI 浪潮席卷全球的情况下被认为"最不可能被替代"的创造性工作。当 AI 技术不断赋能自动驾驶、工业安防、金融反欺诈等领域时，我们普遍会认为 AI 替代的是一些相对"结构化"的、以"重复劳动"为显著特征的工作场景。但现实给了大家一记响亮的耳光，在 AIGC 底层技术的爆发下，2022 年起，以 Stable Diffusion、OpenAI、DALL·E2 为代表的文本生成图像

▲ 图 1-6　AI 产出的各种绘画作品
（资料来源：Nolibox 画宇宙）

（Text2Img）模型让"AI绘画品"以一种无限接近"人类创作表达的手段"出现在大家面前。虽然很多人发表观点说，"目前 AI 绘画只是基于不同视觉艺术家的绘画作品进行拟合，算不上真正的创作""AI 绘画只是抄袭临摹，它没有灵魂"，对这些观点我们持保留意见，此时距离"AI 绘画的惊艳效果"受到大家认可仅过去了一年时间，这只是 AI 在艺术创作领域从"量变到质变"的奇点事件开端。结合 AI 绘画的标志性事件——作品《太空歌剧院》获奖，绘画艺术也被 AI 赋予了新的生命形态。

1960 年代—1980 年代初创阶段

定义：AI 绘画的起始阶段，以计算机程序和基本的算法为主。这一阶段关注将计算机技术应用于艺术创作的可能性，主要涉及基础图形和几何形状的生成。

在这个阶段，计算机图形学的发展为计算机生成图像提供了基础。1963年，A.迈克·诺尔（A.Michael Noll）开发了一个名为"Gaussian-Quadratic"的程序，这是一个基于算法的计算机绘画程序，旨在模拟手绘效果。1973年，美国艺术家和计算机科学家哈罗德·科恩（Harold Cohen）创建了AARON，这是一个绘画机器人，能够生成具有一定艺术价值的作品。此外，分形和光线追踪等技术也在此阶段得到了广泛应用。

1990 年代—2010 年代
探索阶段

定义：AI 绘画的发展阶段，以初步的机器学习技术为主，尝试让计算机自主生成图像和艺术作品。这一阶段的作品主要涉及复杂的算法和初级的机器学习技术，逐渐展示出计算机在艺术创作中的自主性。

这个阶段的特点是细胞自动机、混沌理论和复杂系统等领域的发展。1991年，卡尔·西蒙斯（Karl Sims）利用遗传算法创建了名为 "Evolved Virtual Creatures" 的虚拟生物，这是一种基于计算机模拟的演化艺术形式。同时，斯科特·德拉维斯（Scott Draves）开发了名为 "Flame" 的算法，通过数学公式生成具有抽象艺术效果的图像。此外，神经网络技术也在这个阶段逐渐引起关注，为后续的AI绘画发展奠定了基础。

2010 年代—2020 年代
突破阶段

定义：AI 绘画的突破阶段，以深度学习技术为主，特别是卷积神经网络和生成对抗网络的出现。这一阶段实现了高质量的艺术作品生成和风格迁移，大大拓展了 AI 绘画的应用范围和创作效果。

这个阶段的特点是深度学习技术的突破性发展。2012年AlexNet在ImageNet图像分类竞赛上取得了突破性的成果，标志着深度学习时代的来临。2015年，兰·古德费洛（Lan Goodfellow）提出了生成对抗网络（GAN），这是一个强大的生成模型，能够生成逼真的图像，对AI绘画产生了深远影响。同年，谷歌发布了DeepDream项目，通过训练神经网络识别图像特征并生成具有艺术效果的图像。2016年，莱昂·盖提斯（Leon Gatys）等人提出了神经风格迁移技术，通过卷积神经网络将一张图像的风格迁移到另一张图像上。2018年，英伟达发布了StyleGAN，这是一个基于生成对抗网络的图像生成模型，能够生成高质量、高分辨率的图像。

2020 年至今
革命阶段

定义： AI 绘画的革命性阶段，以神经网络多样化、智能化和扩散模型的发展为主。这一阶段能够根据用户的需求和意图生成个性化的艺术作品。扩散模型的运用特别突出了这一阶段的先进性和创新性，允许更复杂和精细的图像生成，实现了艺术创作的个性化和定制化。

这个阶段以神经网络的发展和多样化为主。变分自编码器（VAE）。循环神经网络（RNN）和Transformer等新型网络结构的出现使得AI绘画更加多样化和智能化，能够根据用户的需求和意图生成个性化的艺术作品。这一阶段的代表作品和技术包括OpenAI的DALLL·E、Stable Diffusion等。

▲ 图 1-7　AI 绘画技术的发展流程图

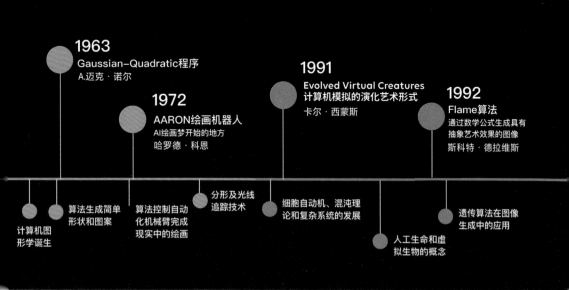

▲ 图 1-8　AI 绘画发展大事记

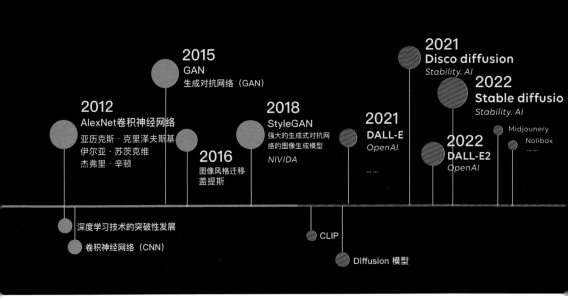

▲ 图 1-8　AI 绘画发展大事记（续）

　　其实学界对于 AI 绘画的研究及关注远比我们想象的要早很多，其中最早的研究可以追溯到 20 世纪 60 年代，那时研究人员开始尝试使用计算机生成图案和几何形状。但是由于当时计算机技术水平还不够先进，因此上述方法生成的作品缺乏艺术性和创造性。随着计算机技术的快速发展，AI 绘画的研究也取得了很大的进展。

　　我们基于 AI 绘画的不同发展阶段特征，系统地把 AI 绘画整理归纳为"初创阶段（1960 年代—1980 年代、探索阶段（1990 年代—2010 年代）、突破阶段（2010 年代—2020 年代）、革命阶段（2020 年至今）"四个阶段并给出初步定义。

　　AI 绘画从初创阶段的简单图形生成，到探索阶段的复杂系统与虚拟生物，再到深度学习革命阶段的神经网络与生成对抗网络的突破，最后发展到智能创作阶段的个性化艺术生成，不断地拓展着人工智能在艺术领域的应用范围和可能性。

一、初创阶段（1960 年代—1980 年代）

在 1963 年，A. 迈克·诺尔（A. Michael Noll）开发了一个名为"Gaussian-Quadratic"的程序，这是一个基于算法的计算机绘画程序，旨在模拟手绘效果。诺尔和他在贝尔实验室的同事贝拉·朱尔斯（Bela Julesz）于 1965 年 4 月在纽约的霍华德·怀斯（Howard Wise）画廊联合举办了他们的作品展。该展览名为"计算机生成图片"，也是世界上最早的数字图像展览之一。诺尔还尝试为 Gaussian-Quadratic 注册版权，但最初被拒绝，其理由是"机器已经生成了作品"。正如诺尔解释的那样，"如果版权最终被接受，那么 Gaussian-Quadratic 可能成为是第一个使用数字计算机制作的受版权保护的艺术作品。"但由于 Gaussian-Quadratic 只能完成相对抽象的随机几何图形的阵列，没有办法对更加具象、成熟的艺术风格进行表达，因此很多学者并不认可该系统为最早的计算机绘画系统。

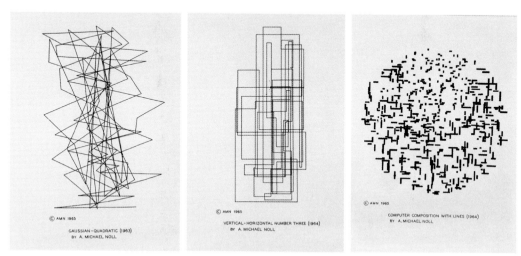

▲ 图 1-9　Gaussian-Quadratic 计算机生成系列图片 1964—1965

资料来源：维多利亚和阿尔伯特博物馆（Victoria and Albert Museum, London）https://www.vam.ac.uk/）

时间来到 1973 年，来自美国的艺术家、画家——加利福尼亚大学圣地亚哥分校教授哈罗德·科恩（Harold Cohen）开发了一种名为"AARON"的计算机绘画系统，该系统使用基于符号规则的方法来生成图像。科恩开发 AARON 的目标是能够对绘画行为进行编码。不同于现在 AI 作画是输出数字化图像，AARON 真的是用计算机控制机械臂使用画笔和颜料在现实中完成绘画。

▲ 图 1-10 哈罗德·科恩 1974—1982 年绘制的计算机生成手绘着色图
〔资料来源：维多利亚和阿尔伯特博物馆（Victoria and Albert Museum, London）https://www.vam.ac.uk/〕

科恩对 AARON 的改进一直持续了几十年，直到他离世。在 20 世纪 80 年代，ARRON "掌握"了三维物体的绘制；20 世纪 90 年代，AARON 能够使用多种颜色进行绘画。直到今天，ARRON 据称仍然在创作。不过，AARON 的代码没有开源，所以其作画的细节无人知晓，但可以猜测，ARRON 只是以一种复杂的编程方式描述了作者科恩本人对绘画的理解——这也是为什么 ARRON 经过几十年的学习迭代，最后仍然只能产出色彩艳丽的抽象派风格画作，这正是哈罗德·科恩本人的抽象色彩绘画风格。科恩用了几十年时间，把自己对艺术的理解和表现方式通过程序指导机械臂呈现在了画布上。尽管 AARON 是一个比较早期的尝试，但是它打开了 AI 绘画的新篇章，也是真正意义上的第一个计算机绘画系统。

▲ 图 1-11　哈罗德·科恩

▲ 图 1-12　1995 年，AARON 的彩色版本在计算机博物馆创建的第一张图像的细节。
〔资料来源：美国计算机历史博物馆举办的"机器人艺术家：活色彩的亚伦"专题展（The Computer History Museum's exhibition "The Robotic Artist: AARON in Living Color"）〕

二、探索阶段（1990 年代—2010 年代）

时间快进到 1991 年，计算机图形学家、程序员和艺术家卡尔·西姆斯（Karl Sims）利用遗传算法创建了一种名为"Evolved Virtual Creatures"的虚拟生物，这是一种基于计算机模拟的演化艺术形式。在这个项目中，西姆斯通过计算机程序模拟生物演化的过程，创造出了一系列具有独特形态和行为的虚拟生物。

这些虚拟生物是通过一种名为遗传算法的优化方法生成的。遗传算法受到自然界生物进化机制的启发，通过模拟基因突变、重组和自然选择等过程，逐步优化和改进解决方案。在"Evolved Virtual Creatures"项目中，遗传算法被用来优化虚拟生物的形状、结构和行为，以适应特定的虚拟环境和任务。"Evolved Virtual Creatures"的成功实验展示了计算机科学、遗传算法和艺术之间的紧密联系，为后来的计算机生成艺术和AI绘画的发展奠定了基础。通过模拟生物演化的过程，艺术家和研究者们可以探索新的艺术形式和创作方法，从而拓宽艺术创作的视野。

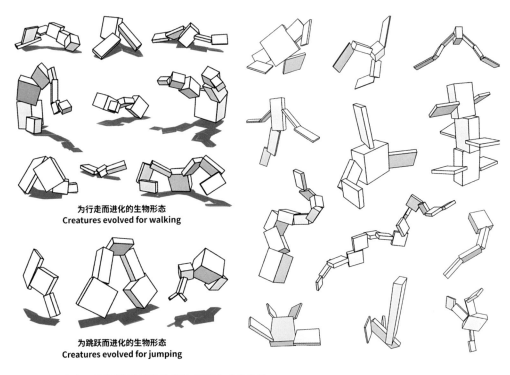

为行走而进化的生物形态
Creatures evolved for walking

为跳跃而进化的生物形态
Creatures evolved for jumping

▲ 图 1-13 卡尔·西姆斯利用遗传算法创建的虚拟生物

时间很快来到一年后的 1992 年，拥有计算机科学家和艺术家双重身份的斯科特·德拉维斯（Scott Draves）提出了一种名为"Flame"的算法，通过数学公式生成具有抽象艺术效果的图像。Flame 算法是一种基于分形和迭代函数系统（IFS）的计算机生成艺术技术，它将复杂的数学变换应用于图像空间，从而产生独特的视觉效果和形状。

Flame 算法的核心思想是将多个简单的数学变换组合在一起，形成一种非线性迭代过程。通过反复迭代这些变换，算法可以生成具有丰富细节和自相似性质的分形图像。这些图像通常具有柔和的曲线、流动的形状和独特的纹理，类似于火焰、烟雾或水墨画等自然现象，因此得名"Flame"。

自从斯科特·德拉维斯在 1992 年首次提出 Flame 算法以来，该技术已经在计算机生成艺术领域得到了广泛的应用和认可。许多艺术家和设计师使用 Flame 算法创作了令人惊叹的抽象艺术作品，这些作品在画廊、博物馆和数字媒体上都得到了高度赞誉。Flame 算法的成功实践证明了计算机科学和数学在艺术领域的巨大潜力，为后续的 AI 绘画和计算机生成艺术研究提供了有力的支持。

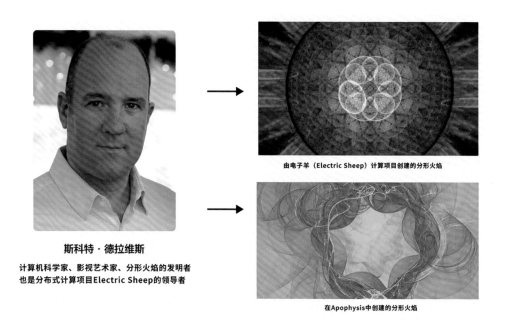

斯科特·德拉维斯

计算机科学家、影视艺术家、分形火焰的发明者
也是分布式计算项目Electric Sheep的领导者

由电子羊（Electric Sheep）计算项目创建的分形火焰

在Apophysis中创建的分形火焰

▲ 图 1-14　斯科特·德拉维斯通过 Flame 算法生成抽象艺术作品

三、突破阶段（2010 年代—2020 年代）

上文提到的两个阶段可以被视为比较"古典"方式的电脑自动绘画，相当于一个学步的婴儿，只能勉强达到相似的效果。而现在我们所说的"AI 绘画"概念，更多是指基于本阶段"深度学习模型"来进行自动作图的计算机程序。然而，这种绘画方式的发展相对较晚。2012 年，吴恩达和杰夫·迪恩（Jeff Dean）用谷歌大脑（Google Brain）的 1.6 万个 CPU 所打造的大型神经网络，在被 1000 万油管（YouTube）视频中的猫图像训练 3 天后，自己绘制出了一张模糊的猫脸图。这是一项前所未有的尝试，也是普通公众第一次领略到深度学习的威力。虽然在当今看来，生成结果无论是产出效果还是训练效率都不尽如人意，但对于当时的 AI 图像生成研究领域，这是一次具有突破性意义的尝试，正式开启了深度学习模型支持的 AI 绘画这个全新的研究方向。

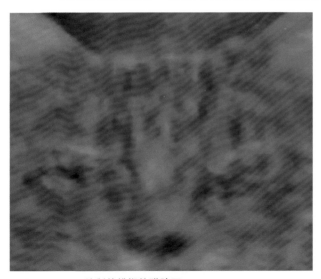

▲ 图 1–15　AI 绘制的模糊的猫脸图

1. AlexNet

2012 年，这是 AI 发展历史上值得被铭记的一年！因为深度学习领域的一场革命席卷而来。AlexNet 的问世，让整个科技界为之震撼。这个由亚历克斯·克里泽夫斯基（Alex Krizhevsky）、伊尔亚·苏茨克维

（Ilya Sutskever，伊尔亚是深度学习开创者杰弗里·辛顿的得意弟子，现任 OpenAI 首席科学家）和杰弗里·辛顿（Geoffrey Hinton）共同开发的卷积神经网络在 ImageNet 图像分类竞赛中一鸣惊人，AlexNet 的核心结构是卷积神经网络，这是一种模拟人类视觉系统的机器学习模型。卷积神经网络由多层卷积层、池化层和全连接层组成，能够自动学习图像中的特征表示和层次结构。与传统的手工特征提取方法相比，卷积神经网络具有更高的精度、鲁棒性和泛化能力。AlexNet 揭开了深度学习在计算机视觉和 AI 绘画领域的新篇章。

▲ 图 1-16 伊尔亚·苏茨克维（左）、亚历克斯·克里泽夫斯基（中）和杰弗里·辛顿（右）
（图片来源：University of Toronto）

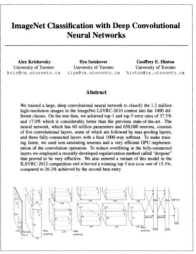

▲ 图 1-17 知名论文《基于深度卷积神经网络的 Imagenet 分类》

2. 对抗生成网络 GAN（Generative Adverserial Network）

基于深度学习模型的 AI 绘画究竟有多麻烦呢，为什么在 2012 年，已经具备现代水平的大规模计算机集群耗时多天的训练只能得出一点儿可怜的结果？读者或许有个基本概念，深度学习模型的训练简单来说就是利用外部大量标注好的训练数据输入，根据输入和所对应的预期输出，反复调整模型内部参数加以匹配的过程。

那么让 AI 学会绘画的过程，就是构建已有画作的训练数据，输入 AI 模型进行参数迭代调整的过程。一幅画带有多少信息呢？首先就是长 × 宽个 RGB 像素点。让计算机学绘画，最简单的出发点是得到一个输出有规律像素组合的 AI 模型。但 RGB 像素组合在一起的并非都是画作，也可能只是噪点。一副纹理丰富、笔触自然的画作有很多笔画完成，涉及绘画中每一笔的位置、形状、颜色等多个方面的参数，这里涉及的参数组合是非常庞大的，而深度模型训练的计算复杂度随着参数输入组合的增加而急剧增加，大家可以理解这个事情为什么不简单了。

在吴恩达和杰夫·迪恩开创性的猫脸生成模型之后，AI 科学家开始前仆后继地投入到这个新的充满挑战性的领域里。在 2014 年，AI 学术界提出了一个非常重要的深度学习模型，这就是大名鼎鼎的对抗生成网络 GAN。GAN 的出现极大地推动了 AI 绘画的发展，并成为很多 AI 绘画模型的基础框架。随之而来的是越来越多的艺术家和科学家开始尝试将深度学习技术运用于艺术创作中，谷歌的 DeepDream 项目等一系列后续项目都基于此开发。例如可以把用户上传的照片转换成各种著名画家的风格，相信读者或多或少都在一些手机修图应用中体验过。至此，AI 绘画正式进入深度学习的革命性阶段。

3. DeepDream

2015 年，谷歌推出了名为 DeepDream 的计算机视觉项目，该项目由谷歌工程师亚历山大·莫尔德温采夫（Alexander Mordvintsev）负责。它利用卷积神经网络将图像中的特征进行放大和重组，生成具有辨识度的奇特视觉效果的图像。

DeepDream 由于其猎奇的风格在网络上引起了广泛关注，很多人纷纷尝试用它来处理自己的照片。例如有人将风景照片经过 DeepDream 处

▲ 图 1-18 "深度梦境：神经网络的艺术"艺术展作品
（资料来源：谷歌）

理后，发现照片中出现了许多奇妙的动物形象。在 2016 年 8 月，谷歌与灰色地带艺术与研究基金会（Gray Area Foundation）联手，在旧金山教会区为 DeepDream 举办了一场名为"深度梦境：神经元网络的艺术"（DeepDream：The Art of Neural Network）的艺术展。

但我们普遍认为，DeepDream 更像是一个尴尬的高级版"AI 滤镜"，而非真正的 AI 绘画。谷歌在 AI 绘画方面更靠谱的尝试是在 2017 年发表的一篇论文《简笔画绘图的神经表征》（A Neural Representation of Sketch Drawings），通过训练大量手绘简笔画图片，训练出一个能够自动绘制简笔画的深度学习模型。这个模型能够根据输入的简单草图，生成更为真实的简笔画作品。

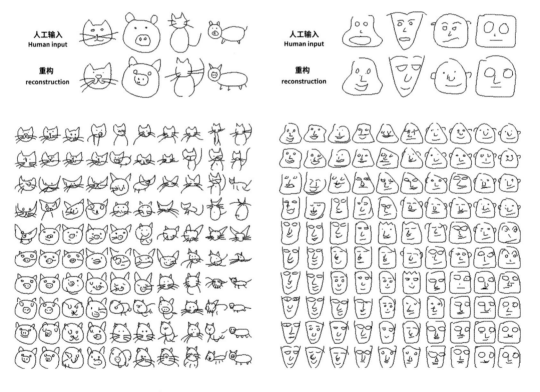

▲ 图 1-19　sketch-rnn 生成效果示意图
〔资料来源：Ha, D.R., & Eck, D.（2017）. A Neural Representation of Sketch Drawings. ArXiv, abs/1704.03477.〕

虽然这个模型的输出仍然只能算是简单的手绘画，但它却是深度学习模型在 AI 绘画方面的一个重要的里程碑，同时它的开源属性也为全球的第三方研究机构、开发者带来了各种二次产品化的机会。

4. 神经风格迁移（Neural Style Transfer）

到了 2015 年，莱昂·盖提斯等人提出了一种名为神经风格迁移（Neural Style Transfer）的技术，它使用卷积神经网络将一幅图像的风格迁移到另一幅图像上。神经风格迁移的核心思想是将风格图像的风格特征和内容

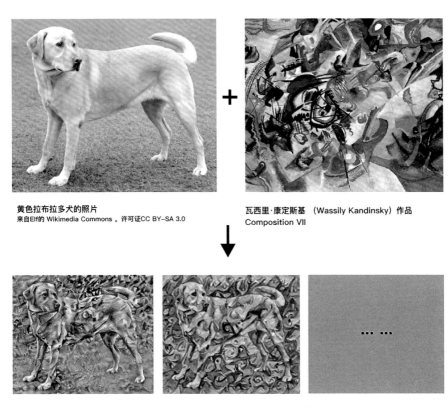

黄色拉布拉多犬的照片
来自Elf的 Wikimedia Commons 。许可证CC BY-SA 3.0

瓦西里·康定斯基 （Wassily Kandinsky）作品
Composition VII

用康定斯基艺术风格画"狗"

▲ 图 1-20 神经风格迁移原理示意图
（资料来源：基于 https://www.tensorflow.org/tutorials/generative/style_transfer 自绘）

图像的内容特征结合起来，生成一幅新的图像。除了盖提斯等人的研究之外，还有许多其他研究者对这个领域做出了重要贡献。2017年，Fast Neural Style Transfer 算法被提出，其与神经风格迁移的不同之处在于它不需要对每张图像进行一次网络的优化，而是通过对网络进行一次训练，可以实现风格的快速迁移，这项技术不仅可以应用于艺术领域，还可以用于图像处理、视觉效果等方面。

由于这项技术独特的视觉效果及较好的用户参与体验性，为后期引发全球性"照片风格迁移"热潮提供了基础。在神经风格迁移技术的早期应用中，最著名的案例之一就是把一幅普通照片变成了具有达·芬奇及凡·高风格的名画。

▲ 图 1-21　基于艺术风格的名画《蒙娜丽莎》神经风格迁移
（资料来源：https://en.wikipedia.org/wiki/Neural_style_transfer）

产业界对于这项技术的响应速度非常快，2016年6月，一支由15人组成的俄罗斯研发团队发布了一款名为 Prisma 的 iOS 手机应用程序，这款应用程序利用机器学习算法和从世界名画中提取的艺术风格，为用户提供了40多种艺术滤镜，包括立体主义、抽象主义、波普风格等，使用户可以自由创作出"大师定制"的世界名画。这一应用的发布引起了轰动，很快在全球范围内受到欢迎。紧随其后的是国内外的各类P图、修图应用软件，也陆续推出了一系列的风格迁移的修图滤镜。例如美图影像实验室（MT Lab）于2017年11月发布了一款基于影像生成技术的绘画机器人Andy，通过深度学习对海量的插画数据进行分析和学习，构建了多重场景艺术效果风格库，也就是大家熟悉的"艺术版本风格滤镜"。紧接着，绝大多数大家熟悉的主流的移动端修图应用，如海外市场的Photoroom、Enlight，国内市场的Versa马卡龙玩图、醒图等也迅速推出了具有一定差异化的类似功能。

▲ 图 1-22　Prisma APP 生成效果展示
（资料来源：https://prisma-ai.com/prisma）

优质的创意往往来自民间，发烧友们基于这项技术开始了各类组合式创新，一些艺术家利用神经风格迁移技术将博物馆中的名画风格应用到自己的照片上，这些照片看起来就像是名画一样，引起了很多人的关注。此外，这项技术还可以应用于视频的风格迁移，让视频看起来就像是由某一艺术家创作的一样。神经风格迁移技术的发展，让人们再一次重新思考了艺术创作的方式。

5. StyleGAN

2018 年，NVIDIA 发布了一种名为 StyleGAN 的生成对抗网络。StyleGAN 通过对抗性训练生成极其逼真的图像，并能够控制图像的风格、内容和细节。其中最令人惊叹的就是其人脸生成的效果及自主艺术创作，基于 StyleGAN 生成的人脸图像非常逼真，甚至有些难以区分是真实的人脸还是由 AI 生成的。StyleGAN 一经问世，瞬间在人脸识别和虚拟人物创作等应用场景上催生了大量初创公司。

▲ 图 1-23　基于 StyleGAN 创造出的不存在的人脸
（资料来源：NVLabs Github https://github.com/NVlabs/stylegan）

由于 StyleGAN 在控制图像的风格、内容和细节上优于传统模型，这使得它在 AI 自主艺术创作领域大放异彩，AI 绘画项目 Artbreeder 就是基于 StyleGAN 实现的，它允许用户上传自己的图像和选择艺术风格。

时间来到 2018 年 10 月，艺术圈里发生了一件大事。巴黎艺术家团队奥布韦斯（Obvious）使用 GAN 学习分析 1.5 万张经典肖像后，生成了一系列新的肖像画。这组系列作品包括 11 幅肖像，这些人物组成了一个被虚构的贝拉米家族，同时也向提出"生成对抗网络"（GAN）模型的人工智能研究学者伊恩·古德费洛（Ian Goodfellow）致敬。该作品画面呈现出一种未完成的感觉，暗色双排扣长礼服和白色领子似乎隐约揭示出人物的清教徒身份，而脸部特征则是模糊的。在作品的右下角，还有一串数字方程，暗示了创作者的虚拟身份。这幅作品在佳士得纽约 Prints & Multiples 专场上被拍卖，最终以 43.25 万美元成交，此作品名叫"埃

▲ 图 1-24　AI 绘画作品：《埃德蒙·贝拉米肖像》
（资料来源：Obvious https://computerhistory.org/blog/harold-cohen-and-aaron-a-40-year-collaboration/）

▲ 图 1-25　画布上的代数公式签名
（资料来源：Obvious）

德蒙·贝拉米肖像",也是第一张被以如此昂贵价格收购的 AI 绘画作品。不出意外的是,这次事件再次引发了全球关于"AI 是否具备艺术创造力"的密集争论,媒体甚至打出"为什么人工智能创作的《埃德蒙·贝拉米肖像》是 2018 年最无聊的作品?"等颇具噱头的标题,艺术家、设计师、相关领域科研工作者、互联网从业者及广大民众纷纷加入舆论战中。

四、革命阶段(2020 年至今)

不知道读者们是否和我有同感,从 2022 年以来,AI 绘画水平突然一下进化到不可思议的地步了,有一种"士别三日,刮目相看"的感受。虽然 AI 绘画的生成效果在"深度学习阶段"已有明显进步,但整体上 AI 绘画在前三个阶段还是处于"不温不火"的"小步快跑"的状态,这中间到底发生了什么?

首先要提到一个新模型的诞生,OpenAI 团队在 2021 年 1 月开源了新的深度学习模型 CLIP(Contrastive Language-Image Pre-Training),一个当今最先进的图像分类人工智能。简单来说,CLIP 模型可以决定图像和文字提示的对应程度,也就是"输入自然语言"生成"对应视觉图像"的连接器。但作为图像分类人工智能的 CLIP 模型并不能直接生成视觉图像,因此这里就需要提到大家耳熟能详的"Diffusion"(扩散)模型,2022 年初被大众首先熟知的 AI 绘画产品 Disco Diffusion,正是第一个基于 CLIP + Diffusion 模型的实用化 AI 绘画产品。CLIP 和 Diffusion 之间的技术融合细节我们将在第二章为大家详细展开解读。

时间回到 2021 年 1 月,OpenAI 发布了 DALL·E,这是一个基于 Transformer 架构的图像生成模型,能够根据自然语言描述生成具有高度创意的图像。DALL·E 的 1.0 版本生成效果其实并不惊艳,甚至可以用"有点儿拉胯"来形容，图中的指定元素"狐狸"只能隐约辨认其轮廓。值得注意的是，相较于传统 GAN 等技术路径的生成模式，以 DALL·E 为代表的 AI 绘画模型开始拥有了一个极为重要的能力：通过输入指定文字来提示 / 规定创作内容！

▲ 图 1-26　DALL·E 1.0 及 2.0 版本生成效果对比
（资料来源：Open AI 官网 www.open.ai.com）

　　Open AI 很快在 2022 年 4 月初发布了生成能力更强的 DALL·E2，其生成效果已经大幅提升，对于不同自然语言指令与艺术风格的融合已愈发成熟，为图像生成和处理领域树立了新的标杆。只需输入简短的文字 prompt，DALL·E2 就可以生成全新的图像，这些图像以语义上十分合理的方式将不同且不相关的对象组合起来，就像通过输入 prompt：一个在太空骑马的宇航员 / An astronaut is riding a horse in space，便生成了下面的图像。

▲ 图 1-27　DALL·E2 文本生成图像效果展示图
（资料来源：OpenAI 官网
https://openai.com/product/dall-e-2）

基于文本生成图像的 AI 绘画模型是 2022 年上半年的绝对主角，从 2 月份的 Disco Diffusion 开始，4 月，DALL·E2 发布，MidJourney 邀请内测，5 月和 6 月，谷歌发布两大模型 Imagen 和 Parti，然后 7 月底，Stable Diffusion 横空出世——没错，当今世界最强大的 AI 绘画开源大模型 Stable Diffusion 终于闪亮登场了！Stable Diffusion 是由初创公司 Stability.AI 与许多学术研究人员和非营利组织合作开发的，目前全球绝大部分 AI 绘画产品、工具、服务类公司的底层模型大部分都是基于 Stable diffusion 优化、重构及调整的。该模型主要用于生成以文本描述为条件的详细图像，但它也可以应用于其他任务，例如图像扩展、修复、图像 – 文本的转译等。

众所周知，DALL·E 背后的公司 OpenAI 被微软重金投资后选择了闭源，而一开始就坚定选择开源 "Stable Diffusion" 的 Stability.AI 可谓是信守承诺，Stable Diffusion 一经开源就始终霸占着 GitHub 热榜第一，并撑起了全球 AI 绘画产品底层模型的半边天。它彻底履行了 Stability.AI 官网首页的标语——"AI by the people, for the people"（AI 取之于民，用之于民）。Stable Diffusion 生成图像拥有更出色的真实感及细节，尤其是在生成高分辨率图像时表现更为优异。与传统的 GAN 模型相比，Stable Diffusion 的稳定性训练方法也更为有效，可以在更少的训练时间内达到更好的生成效果。

▲ 图 1-28　Nolibox 画宇宙生成效果

至此，我们进入了 AI 绘画发展的快车道——自由进行智能创作的阶段。在这一阶段，用户基本可以根据自己的意图自由生成高质量的视觉作品，初步实现了一定程度的"创作自由"。这一阶段的代表技术和产品包括 OpenAI 的 DALL·E、Stability.AI 开源的 Stable Diffusion 等。在以上技术满足了图像视觉的标准品质后，人们不再局限于如何才能让 AI 画得像一些，产出的创意内容有趣一些等娱乐化的基础需求，而是试图把 AI 绘画应用到更加专业的生产力场景中，例如尝试介入不同行业的设计创意工作链路。

随着产业界的介入，国内外分别涌现出诸多 AI 图像领域的初创公司，希望可以抓住不同垂类行业的机会。如 AI 绘画领域的"全球顶流产品" Midjourney，截至 2023 年 9 月已有超过 1300 万注册用户，并用其惊艳的生成效果狂揽 1 亿美金的年收入，其核心团队也由最初的 11 人扩充到 40 人左右。根据 Midjourney 几位内部成员的说法，公司自创立起就能够盈利，依照公司目前的订阅模式，每个月向用户收取 10 到

▲ 图 1-29　国内外主流 AI 绘画领域产品及服务商

120 美元不等的服务费，2023 年的营收甚至可以突破 2 亿美元。

随着 OpenAI 在 2023 年 9 月把最新的图像大模型 DALL·E3 集成进当家产品 ChatGPT4 后，Midjourney 或许不得不重新重视起这个"华丽转变"的老对手。DALL·E3 一方面拥有完全碾压上一版本的图像生成表现，同时在 ChatGPT4 的产品生态支持下形成了惊人的跨模态生成能力。配合 ChatGPT4 易用的聊天式交互界面，无论对行业小白还是专业创作者来说，用户体验都十分友好。百度文心，作为国内最早的唯一自研大模型，虽然在文生图的通用场景效果方面和 DALL·E3、Midjounery 还有一定差距，但在一些具体风格及领域上也会有一些令人惊喜的效果。

同时值得注意的是，国内在最近一段时间内也涌现出一大批新兴的 AI 绘画公司，例如主打 AI 艺术作品生成及交易的无界版图，为 C 端用户提供服务的 AI 艺术平台西湖心辰、Tiamat、6pen，利用 AI 赋能电商模特图的 ZMO.ai 等，为 B 端专业场景提供 AIGC 工具及产品解决方案的 Nolibox 画宇宙等，这些公司及产品同时也造就了百花齐放的行业生态，推动 AI 绘画在不同垂类领域的生根发芽，我们将在第四章结合行业应用落地的案例为读者们详细展开。

第 3 节 / 赋能设计创意生产新机制

一、AI 绘画驱动人机协创新模式

以 AI 绘画为代表的 AIGC 技术的发展无疑催化了设计创意领域的生产方式变革。设计从业者作为对新事物较为敏锐的群体，在 AI 绘画技术的每次关键发展及应用节点上，总缺少不了他们的身影。纵观设计创意行业现状，无论是工具供应商还是设计创意相关企业、机构都在积极拥抱 AI 绘画带来的生产链路的变化。在设计辅助工具软件中，如 Adobe 推出的覆盖旗下软件的 AI 绘画插件 Firefly，微软在收购 OpenAI 后推出的在线设计平台 Microsoft Designer，Nolibox 计算美学推出的"高品质 AI 平面设计生成工具 Yeahpix"。在社交媒体上，视觉设计师、工业设计师、游戏设计师也积极地分享着自己基于主流 AI 绘画工具 DIY 的全新设计流程。

基于 Nolibox 多年的一线行业经验，我们认为当前的 AI 绘画只能在少数场景上实现可直接交付的设计内容生成，绝大多数专业的设计创意场景仍然需要人类设计师的把控和介入。"虽然 AI 绘画发展迅猛，但它

1960年—1980年 基于输入规则 的引导阶段

最初，计算机图像生成是通过基础程序规则来实现的。例如，在计算机图形学的早期，为了生成图像，程序员会使用算法来放置简单的几何图形，并通过颜色填充来渲染它们。从而创建出基本属性和创造性方面有所欠缺，但它为后来的生成艺术性和创造性方面奠定了重要的技术基础。通过这些基本的图形学和算法原则，计算机图像处理和生成的领域逐步发展，最终演化到今天高度复杂和创造性的图像合成技术。

1990年—2010年 基于输入样本 的方法阶段

图像生成技术主要依赖于输入输入图像样本的方法。这种方法通过训练基于输入图像的使用来自现实世界的图像样本，使其会模拟生成相似的图像。该方法在20世纪90年代初期首次出现，由于当时受限于计算能力、数据量和存储技术方面有所欠缺，但它为后来创建出的图像技术水平相同及，照片方面逼真度的图像。然而，这些技术生成的图像尽管拟真度高的图像，尽管这一时期的技术取得了一定的进步，但生成图像的质量和多样性仍受到显著限制。

2010年—2020年 基于输入数据 的学习阶段

随着深度学习的兴起和广泛应用，人工智能绘画技术已迈入一个新纪元。深度学习算法能够处理更规模大、结构复杂度更高的数据集，并通过自动学习数据的特征并增强图像的真实感和整体效果。例如，生成对抗网络（GAN）和神经风格迁移等技术已经能够创造出品质相当高的图像、各种逼真的图像和风格。有所突破，但要达到商业级图像视觉效果水平，仍需进一步的发展和完善。

2021年—至今 交互式智能 创作阶段

在目前的技术发展阶段，基于扩散模型（Diffusion Models）的生成方法在生成领域取得了革命性的进展。现在可以通过简单的文本描述直接生成具有商业级质量的图像。用户交互方式已经从传统的规则输入或样本展示，转变为利用自然语言直观的可视化界面来引导图像创作。这一进步不仅让图像创作更引领业级图像和复杂，也使用户能够更深层次地参与到创作过程中，极大地扩展了创意表达的可能性。

初步计算机辅助设计 →（逐渐全面数字化）→ 深度数字化设计 →（初步AI辅助设计）→ 交互式人工智能设计

以人绝对主导　以人主导，机器为辅　人机联合主导

▲ 图 1–30　AI 绘画领域的人机交互进化路径

很难完全取代设计师，因为设计不总是理性和逻辑的。设计是自我生成的：通过不同的范式和方法，设计永远在尝试重新定义规则，重新制定价值和目标。"但可以预见的是，在不久的将来，当 AI 绘画技术的发展更为成熟可控，并全流程介入不同行业设计师的创作工作流后，大概率会对设计师以往的工作方式的认知产生消极影响。因此，系统性地基于人机协同设计提供可靠的、合理的、充分发挥设计师创造能力的协作机制至关重要。未来，优秀的设计师将与 AI 齐头并进，指导及训练 AI 与自己共同进化，在不同的设计工作流寻找人和 AI 都能发挥最大优势的协同比例，好比人类的优势是可以进行从 0 到 1 的联想以及关键节点的决策，机器的优势是可以基于 1 个结果产出 100 个结果及基于任务的逻辑推理，那么两者在未来的设计创作中应灵活对应到不同的任务与分工，并通过相互磨合寻找最优比例，至此 AI 绘画也逐渐演变成一个智能设计体（Design Agent）的一部分。

通过上文梳理的 AI 绘画的"前世今生"，我们结合设计创意生产模式的发展路径，针对性地归纳出 AI 绘画辅助工具的四个发展阶段，并总结出人与设计创作工具交互方式的转变趋势。

根据麦肯锡咨询数据统计报告显示，全球设计创意行业从业人数及市场规模都达到惊人的规模，并呈持续快速增长趋势。截至 2018 年，全球设计创意从业者约达 9 600 万，并且以每年 12% 左右增速持续增长，约等于 80 个人里有一个就是从业者。根据 BRC 机构数据，2018 年全球设计服务市场价值接近 1 532 亿美元，预计到 2022 年将以 13% 的复合年增长率增长至近 2 495 亿美元。仅平面设计行业，2022 年全球将达到 434 亿美元市场规模；而与设计创意领域关系紧密的全球广告营销市场规模为 6 470 亿美元，并将以 12.5% 的增速高速增长，预计到 2025 年将达到 1 万亿美元，市场需求呈明显增长趋势。

以 AI 绘画为代表的技术出现，就像在这个池子里投下一枚巨型石块，引发了不同领域创意从业者身份认同的思考，各研究机构、设计创意企业也开始逐渐关注对于设计工作方式的反思。美国菲弗咨询公司（Pfeiffer Report）2018年在对美国、英国和德国的创意设计从业者的调查中，约74%的创意人员表示，他们将超过一半的时间花在乏味的非创意的任务上，占据了创意部分的思考和设计时间。2017年"同济 × 特赞设计与人工智能实验室"发布的《2017设计与人工智能报告——人工智能与设计的未来》中以设计行业中的"脑机比"（人脑与机器的比例）的定量研究为基础数据，并结合麦肯锡的"未来工作自动化"模型，估算未来设计工作内容的可能分布情况，以及可被机器所替代的部分重复劳动内容。诸如此类的研究分析可看出，学界及产业界都开始关注在以设计师

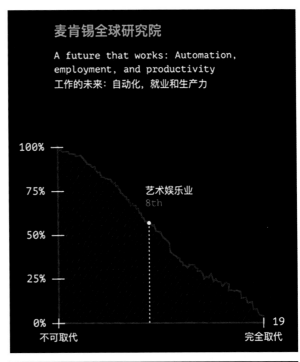

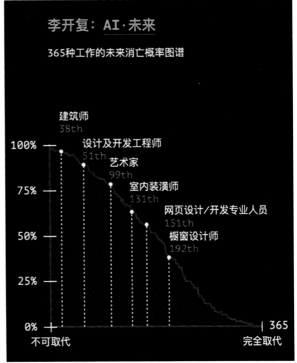

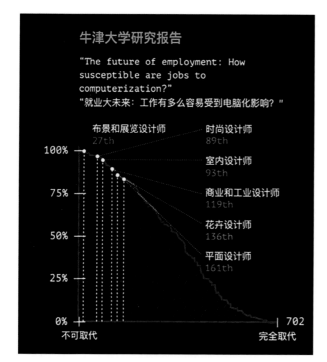

牛津大学研究报告

"The future of employment: How susceptible are jobs to computerization?"
"就业大未来：工作有多么容易受到电脑化影响？"

布景和展览设计师 27th　　时尚设计师 89th
　　　　　　　　　　室内设计师 93th
　　　　　　　　　　商业和工业设计师 119th
　　　　　　　　　　花卉设计师 136th
　　　　　　　　　　平面设计师 161th

100%
75%
50%
25%
0%　　　　　　　　　　　　　　　　702
不可取代　　　　　　　　　　　完全取代

▲ 图 1-31　设计工作中受自动化的影响分析
（资料来源：《2019 设计人工智能报告》https://sheji.ai/）

为主体的角度下对人工智能设计的理解。

AI 绘画正逐渐从"辅助设计工具"进化到"人机协同设计模式"阶段，并正在向"自主创作"阶段迈进。在 AI 绘画"辅助绘制"阶段，运用机械臂通过图像识别技术，对大量同类作品进行识别和记忆，具有相似视觉特征组合和重构的功能。在"人机协创阶段"，人和机器在不同的阶段相互影响着彼此的决策及创意产出，双方在一个平等的关系上贡献自己的优势能力，这个阶段奠定了人工智能双向主体性基础。

对于民众而言，创作工具的智能化让艺术设计的技能变得更为普惠了，有创意及想象力的群体在 AI 绘画的加持下，等同于瞬间掌握了成熟的设计表达的能力，自身的创意想法不再受专业工具和技能的限制，可以快速持续输出。在这一维度下，设计创作的门槛对于非专业群体而言变低了。

对于专业设计创意从业者而言，AI 更像是一个"筛选器"，在设计创意行业出类拔萃的门槛其实被提高了。一些创意程度较低、仅追求设计效果层面、设计链路相对简单重复、偏向于单一设计工具操作技能的设计创意职位会面临很大冲击，例如大部分的传统电商设计师、装饰设计师、纯 UI 设计师，部分服务于商业快销、产品运营的插画师等。历史也证明，20 世纪 90 年代 Photoshop、CAD 等数字化的计算机辅助设计工具的出现对施工图绘制员、效果图设计师产生了颠覆式的影响，2015 年阿里鲁班的智能设计系统取代了部分淘宝系 Banner 设计师。因此，只掌握单一设计工具技能的设计师在竞争激烈的行业中失去了原先的核心竞争力，因为 AI 时代下的设计师核心竞争力发生了变化，具备强大自主创意能力、审美素养及掌握智能化工具的设计师在 AI 绘画等技术的加持下，其产出能力将得到更大的延展。

就产业界而言，截至 2023 年 4 月，国内的头部大厂、中小设计创意从业者、一些和文化创意紧密相关的机构都已投入到拥抱 AI 绘画工具的浪潮中，基于其自身在行业中的经验和积累，将 AI 绘画等技术作为一种专业化的内容创作工具组件，恰当地插入到传统的创作工作流程中，并构建一套更加高效、完善、强大的创作新模式。国内的诸多互联网公司、科技企业的设计创意相关部门会把熟练掌握 AIGC（包含 AI 绘画）工具作为年中考核重要指标之一。同时，在 Boss 直聘等招聘平台上的有关设计创意、品牌运营、产品经理等职位的最新招聘需求中，"熟练掌握 AIGC 工具""掌握训练定制化模型者优先"也成为醒目的存在。各类媒体也在不断"煽风点火"，赢在每次"生产力变革的起跑线"成为众多公众号给大家贩卖职业焦虑的必备话题。

在这个设计生产方式新老交替的节骨眼上，未来创意从业者该如何抓住机会？我们认为"创意脑洞 + AI 工作流"将超越"设计工具技法"，替代以计算机辅助设计为主导的传统数字化创作阶段，共同进入智能化设计创作时代。我们基于行业经验，给出以下四点建议，这或许会是未来设计创意从业者和 AI 绘画相互成就的核心要义：

- 培养脑洞大开的顶层创意思维与设计审美，善于在设计创意工作中发挥自己和 AI 的共同优势；

- 理解不同场景下的 AI 训练及调教逻辑，训练自己的定制化 AI 创作模型，它将在未来成为你的"重要伙伴"；

- 持续积累自己所在细分领域的专业知识及行业经验，这是 AI 模型变得更加强大的数据基础；

- 掌握最前沿的 AIGC 工具，并构建与自身相匹配的 AI 创作工作流；与其担心 AI 如何颠覆设计创作，不如构建自己的 AI 伙伴去解决问题。

三、AI 绘画突破引发的机遇和挑战

相信在学界和业界，都已基本形成一个共识——AI 将极大地赋能甚至替代人类的部分工作，但我们认为 AI 并不能完全替代人类。在上述"AI 替代人类的部分工作"这一观点中，替代的程度、边界、后果存在着诸多争议。总有人会担心 AI 将完全替代并颠覆人类，我们认为这样的担心过犹不及，因为 AI 更像是一个强大的工具，而且人类一直都很擅长使用工具。具体到 AI 绘画的应用层面，这一次 AIGC 浪潮的到来可以类比当年照相机的面世，有人恐慌，有人欣喜。多年过去了，照相机并没有淘汰掉艺术家，相反，艺术家与其共存，甚至因其而变得更好。

就事实而言，AI 绘画的突破意味着我们已经创造出"能够通过学习和训练来完成创造性任务的智能体"，这意味着我们正在逐步向着人类与机器之间的界限模糊化的方向前进。这里还需要提出一个关键问题，

即人类创造性活动中的"创造性"的定义和本质，对于 AI 创作的作品，我们如何评估它的艺术价值以及它与人类创作的区别？这将推动人们对于艺术性、创造力、智能体及人类自身等方面的思考与探讨。AI 绘画的突破对于人类来说不仅是一项科技进步，同时也挑战着我们对于艺术、创造力和人类自身的认知和理解。

"如果说人类的创造边界是自身的知识、经验和方法，AI 是否可以帮助我们突破自身的知识、经验和方法呢？"在新兴技术的发展呈指数型增长的背景下，设计创意的方法和模式同样面临技术发展所带来的变化，设计领域需要积极适应科技创新的路径，合理融合技术革新的成果，把 AI 作为"设计创造"过程中与人类同等重要的"合作伙伴"，一个智能的设计体，而非敌人，基于人机协同创新的愿景，构建一套"人机共同进化"的路径，这或许是一条更加充满想象力的路径。

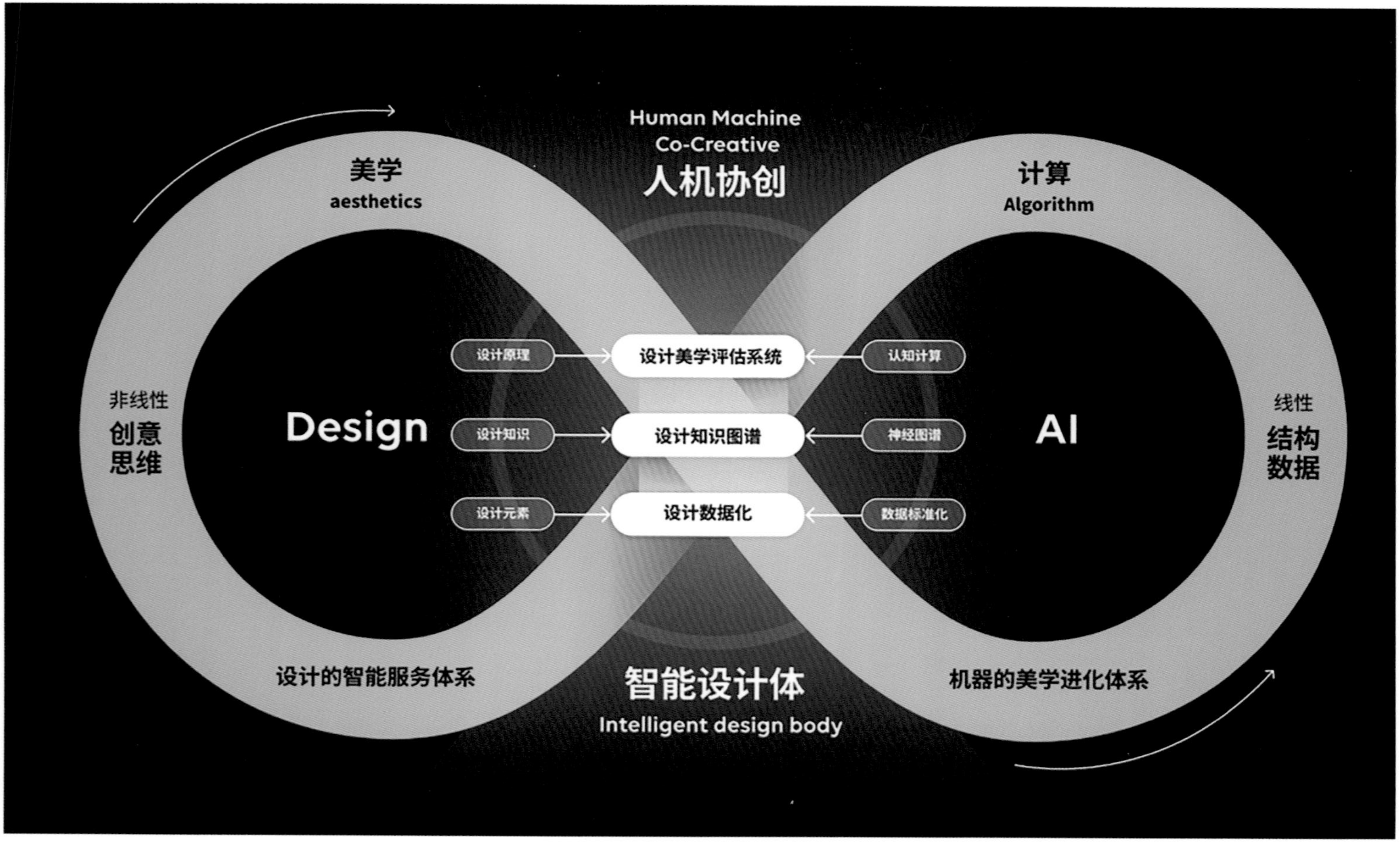

▲ 图 1-32　面向未来的智能设计
（资料来源：Nolibox 自绘）

❶ Giselle Abramovich. Technology And Creativity Go Hand In Hand: Study ［M/OL］.（2018-10-06）［2023-06-12］.https://blog.adobe.com/en/publish/2018/10/06/adobe-pfeiffer-ai-creativity-study.

❷ 范凌.2017 设计与人工智能报告——人工智能与设计的未来［R/OL］.（2017）［2023-06-12］. https://ai.tezign.com/static/sheji-ai/content/2017 设计与人工智能报告.pdf.

❸ Boss 直聘. 视觉设计师工资待遇［Z/OL］.（2022）［2023-06-12］. https://www.zhipin.com/salaryxc /p120101.html.

❹ 戢戢.采访了 1325 位设计师！来看这份 2020 设计行业调查［Z/OL］.（2020-03-03）［2023-06-12］. 优设. https://www.uisdc.com/2020-design-industry-research.

❺ 黄晟昱，徐作彪，梁浩宇，刘强.生产变革设计视角下的人工智能赋能图形视觉创造 - 以 NIWOO 人工智能设计平台为例［C/OL］.（2019）［2023-06-12］.第五届艺术与科学国际学术研讨会.

❻ 范凌.从无限运算力到无限想象力设计人工智能概览［M/OL］.同济大学出版社.（2019）［2023-06-12］. https://www.sheji.ai/research/61d46db9235b1c07fa2b69f9.

❼ Davis, N. Human-computer co-creativity: Blending human and computational creativity［C］.（2013）［2023-06-12］. In Proceedings of the AAAI Conference on Artificial Intelligence and Interactive Digital Entertainment（Vol. 9, No. 6, pp. 9-12）.

❽ Yang, Q., Steinfeld, A., Rosé, C., & Zimmerman, J. Re-examining whether, why, and how human-AI interaction is uniquely difficult to design［C］.（2020）［2023-06-12］.In Proceedings of the 2020 chi conference on human factors in computing systems,2020.04(pp. 1-13).

❾ 虞景霖, 拒绝 VC,40 人团队一年狂挣 2 亿美元, 估值达 73 亿,36 氪网 2023,0927

❿ Krizhevsky A, Sutskever I, Hinton G E. Imagenet classification with deep convolutional neural networks[J]. Advances in neural information processing systems, 2012, 25.

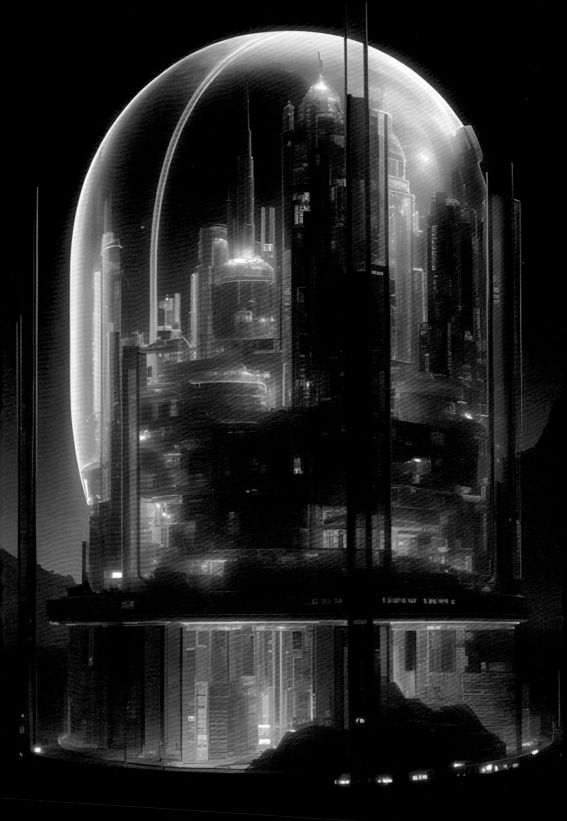

AIGC 设计创意新未来

第二章
AI 绘画的技术迭代及发展

真正的问题并不是智能机器能否产生情感，而是机器是否能够在没有情感基础的前提下产生智能。

——马文·明斯基（Marvin Minsky），1969 年图灵奖得主

正如上一章所提及的，AI绘画，顾名思义，就是用AI算法来完成绘画的过程。目前来说，表现优秀的AI绘画算法都是利用深度学习（Deep Learning）技术来生成各种各样的图像，比如手写数字、人脸、风景、动物等。与人类画家需要一笔一笔地完成绘画稍有不同的是，AI绘画往往会更"直接地"生成一幅作品。我们会在以下各个小节中具体叙述什么叫更"直接地"生成——事实上，不同AI绘画技术的"直接地"生成的过程，也都是会有细微差别的！

在阐述AI绘画的能力、应用等方面之前，如果能对AI绘画底层的技术有所涉猎，届时就可以更好地去理解相应概念，并对场景进行举一反三。因此，本章将会对AI绘画涉及的技术做一个梳理，以便让读者对AI绘画的定义、历史、发展与最新成果有一个全面的了解。首先，我们会简要介绍AI、机器学习和深度学习的概念，使读者能够更好地理解后面的内容。然后，我们会介绍GAN模型，它是一种能够在自我对抗中不断成长的生成模型，也是在Diffusion模型出来之前，AI绘画最重要的技术之一。接下来，我们会介绍CLIP模型，它是连接不同数据的桥梁，可以帮助AI更好地理解图像和语言之间的关系。最后，我们会介绍Diffusion模型，它是现代AI绘画的基石之一，可以用来生成高质量的图像。当CLIP模型与Diffusion模型相结合时，AI就同时拥有了理解图像和语言关系的能力，以及生成高质量图像的能力。此时，我们给AI说一段话，它就能理解我们想要的图像，并把相应的高质量结果生成出来。这正是当前最先进的AI绘画模型——Stable Diffusion模型大致的底层原理。

第 1 节 / AI：机器学习与深度学习

本节中，我们将介绍 AI、机器学习和深度学习的概念，它们是理解后续技术的基础。

一、什么是 AI？

AI（Artificial Intelligence），即人工智能，是指一种模拟人类智能的计算机系统。这种系统通常需要拥有一定的学习和推理能力，以便能够自主地完成各种任务。为了搭建 AI，从古至今的学者进行了许许多多的探索。大家首先遇到的问题就是：怎样的一个系统，才能叫作拥有"智能"？正如 1950 年，艾伦·图灵（Alan Turing）发表的划时代论文《计算机与智能》（Computing Machinery and Intelligence）在开篇抛出的问题："机器能思考吗？"该问题虽然在科幻小说中时有提及，但在图灵之前，鲜有严肃论文对其下过定义。而图灵在论文里也没有马上直接解答，而是提出了现在颇为有名的一个思想实验——"图灵测试"。

简单来说，"图灵测试"是将一台计算机与一个人进行对话，如果这个人不能确定自己正在与机器对话，那么这台计算机就可以被认为是具有智能的。虽然"图灵测试"比较简易，具有很多缺陷，但它确实让人们能够直观地想象出 AI，或者说具备智能的机器是什么样子的，同时也为后世研究 AI 提供了指导性的方向。

当然，说"图灵测试"简易且有缺陷是有原因的：一方面，AI 不应该局限于对话（事实上，AI 绘画在做的就是画画，而不是对话）；另一方面，AI 应该除了能做某个具体的"任务"，还能做更抽象的事情，比如自主学习、自主推理、自主决策等。因此，随着 AI 学科的发展，人们又陆续提出了更具体的测试方法，如功能测试、性能测试、可靠性测试等。这些测试方法的目的都是为了评估人工智能系统在具体业务场景的能力和性能，以便更好地指导人工智能技术的发展和应用。

二、AI 的三种流派

在了解了 AI 的定义后，我们就需要研究如何实现 AI。由于人类本身就是很强的智能体，无论是科幻小说、科研论文还是刚刚说到的"图灵测试"，往往都会以"人"作为终极目标。为了让 AI 拥有"人"的能力，学者们陆续提出了符号主义、联结主义和行为主义这三种研究方向。

符号主义是指一种利用符号和规则来表达人类知识和推理方式的方法，被认为是人工智能研究的开端。符号主义的核心思想是将人类的知识和推理方式用一些规则和公式表达出来，然后让计算机系统根据这些规则和公式进行推理和决策。虽然符号主义在一些领域表现出了很好的能力，但是它的应用范围通常比较有限，而且需要人工来编写规则和公式，工作量很大。

联结主义是指一种利用神经网络来进行学习和预测的方法，是一种基于仿生学的思想。联结主义的核心——神经网络模型通常由多个神经元和多个层次组成，每一层都对输入数据进行一定的处理和转换，最终得到一个输出结果。事实上，我们后面会介绍到的深度学习，本质上就是"使用很深的神经网络进行机器学习"。目前，神经网络已经被广泛应用于图像识别、语音识别、自然语言处理等领域，尤其在图像生成——也就是本书的主题：AI 绘画——方面，表现出了出色的能力。

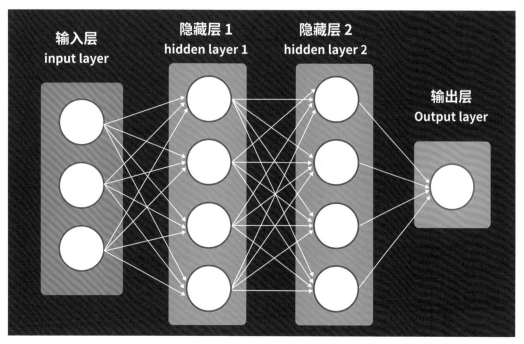

▲ 图 2-1　神经网络结构的示意图

行为主义则是指一种从行为和反馈出发来进行学习和预测的方法，是一种基于心理学的思想。行为主义的核心思想是通过观察行为和反馈来进行学习和预测，而不需要考虑人类知识和推理方式。行为主义被广泛应用于机器人、自动驾驶等领域，也具有很好的实用性和应用前景。

总的来说，符号主义、联结主义和行为主义都是人工智能发展的重要方向，不同的方法和模型适用于不同的领域和场景，学者们需要根据具体应用来选择和发展适合的人工智能模型和算法。

三、机器学习与深度学习

比起上一小节叙述的各种"主义"，"机器学习"这个词仅仅从字面上便能吸引更多的人。机器学习从直观上来说，是比较"大力出奇迹"的方法: 通过让计算机"学习"大量的数据,让计算机找到这些数据中的"规律"，从而让计算机拥有预测和决策能力，也就是变成了 AI。在机器学

▲ 图 2-2 AI 能图像判别示意案例

习的语境下，我们可以快速地举一些例子：为什么 AI 能判断一张图片是猫猫还是狗狗？因为它见过足够多猫猫狗狗的图片，并找到了猫与狗之间差异的规律。为什么 AI 能在任何问题下都对答如流？因为它见过足够多的文本，知道各种问题对应的文本后面，一般都会接上怎样的回答。

当然，这只是一种非常笼统的概括。在实际操作时，会遇到很多具体的、细节的技术性问题，比如：怎样拿到机器能够"理解"的数据？怎样处理数据来让机器更好地"理解"？怎样才能让机器具有"学习"的能力？我们怎样才知道机器已经学习"到位"了？这四个问题恰恰对应着机器学习的四大步骤——数据获取、特征工程、模型训练与结果评估。这四大步骤的每一步都可以展开成一本专业的书籍，所以这里就不展开太多，而仅仅是给出纲领式的叙述。

数据获取： 研发人员常常会从公共数据库、公司内部数据库、网络爬虫等多种数据来源，收集到机器所需的"原始数据"。在数据获取的过程中，需要注意数据的质量和规模，以及数据的合法性和隐私保护。

特征工程： 研发人员需要在第一步获取的原始数据的基础上，提取出有意义的特征，以便机器能够更好地"理解"它们。特征工程通常包括特征提取、特征选择、特征变换等步骤，同时也需要根据具体的应用场景来选择和优化特征。

模型训练： 研发人员需要选择具体的模型并为该模型设计合适的算法，目的是通过对数据进行学习来得到一个能够预测和决策的模型。常见的模型有线性回归、逻辑回归、决策树、梯度提升树、支持向量机和神经网络等，常见的算法则有求解解析解、信息增益算法、SMO 算法、梯度下降等。

结果评估： 研发人员需要对训练所得的模型进行评估，从而知道机器是否已经学习"到位"。常见的评估指标有准确率、精度、召回率等，也是需要根据具体的应用场景来选择和优化评估指标。

总的来说，机器学习的这四大步骤都是相互依存、相互作用的，需要进行综合考虑和优化。学者们需要根据具体的应用场景来选择和发展适合的机器学习模型和算法，以便更好地应用于实际场景。

如果能理解机器学习的思想，即让机器看很多数据并尝试让它找到规律，那么深度学习是很好理解的。事实上前文已有提及：深度学习就是机器学习的一种特殊形式，它的模型选用了非常"深"的"神经网络"模型，而相应算法则通常是随机梯度下降算法或衍生算法。深度学习在这几年的 AI 研究中占据了绝对的主流，它的成功得益于计算机技术的不断进步和大数据的出现。随着计算机硬件的不断升级和算法的不断改进，深度学习不仅在诸多领域都取得了重大突破，而且它的运算速度也在不断增强，使得在越来越多的实际场景中都用到了深度学习模型。

而最新的、举世瞩目的 AI 技术之一——AI 绘画，正是深度学习的又一成功案例。正如上一章所描述的，AI 绘画本身经历了若干阶段，每个阶段都有一些代表性的深度学习模型，在接下来几节里，我们将对这些模型做一个简单的介绍，以便让读者对 AI 绘画的技术演进有较为全面、直观的认知。

第 2 节 ／ AE：先模仿，再创作

　　在 AI 绘画早期发展阶段，学者们常常采用"模仿—创作"的思想，先让模型学会模仿，然后再尝试让模型进行举一反三，也就是创作。比较有名的模型是 1987 年被提出的"自编码器"（Auto Encoder，AE），它会先用一个"编码器"（Encoder）把一张图片"压缩"到一个相对低维的向量（比如 128 维），然后再用一个"解码器"（Decoder）来尝试把这个向量"复原"成原来的图片。在学术上，我们把这种低维向量叫作图片的"潜在表示"（Latent Representation），之后的各种模型也会经常用到这个概念。

　　这样一来，当模型"看过"（或者说"学习"）足够多的图片之后，模型就学会了"模仿"，而且是按照它自己的"理解"去模仿：它可以先把一张图片转换成它自己的"理解"（上文提到的低维向量），然后按照这个"理解"（利用解码器）去把图片画出来，此时我们会发现它画出来的图片和原图往往很像。

　　值得一提的是，AE 此时其实是学会了一种"压缩"的方法：它能够（利用编码器）把原先一个非常高维的数据（原始图片），映射到一个

低维向量上。这种压缩的思想在本章最后一节将会阐述的 Stable Diffusion 模型里起到了至关重要的作用。

在模型对图片有了自己的理解，并学会了模仿之后，我们就能让它进行创作了。事实上，因为向量是可以"叠加的"，所以模型对图片的理解也是可以叠加的。比如说，如果我们把模型对图片 A 的理解（不妨记为 A，注意它是一个向量）和对图片 B 的理解（不妨记为 B，注意它也是一个向量）各取一半，并得到一个新的、融合式的理解（也就是计算 0.5A+0.5B 对应的向量），然后再让模型根据这个理解去把图片画出来的话，我们就能得到一张新的图片。不难想象（至少我们期待）这张图片将会是图片 A 和图片 B 的某种融合，模型从而便完成了一次"创作"。这种"创作"过程我们一般会称之为"插值"（Interpolation），亦即在已有的两张图片间创作出一个中间态。

但学者们马上发现了两个问题：

问题 1： 无法进行"插值"之外的创作，因为我们不知道 AI 的"理解"是怎么样的，或者说我们不知道怎么"从零创造"出一个 AI 的新的理解。用学术一点儿的话来说，就是我们不知道 AI 学习到的"潜在表示"的分布是怎样的。

问题 2： 即使是这种"插值"式的创作，AI 也往往不能如我们所愿地、真正地进行两张图片的融合，而是很别扭地把两张图片的像素给糅合在了一起。

不难看出，这两个问题的症结都在于：AI 的"理解"太自由奔放了，导致它很不稳定。我们无法手动设计出一个新的理解，两个理解之间的融合可能也不具备太大的意义，那么，解决这个问题的方法也就呼之欲出了：只要对 AI 的"理解"加以约束就行。

为此，学者们决定使用一种叫"标准正态分布"的东西，并告诉 AI：你对图片的"理解"需要大致服从它的规律！

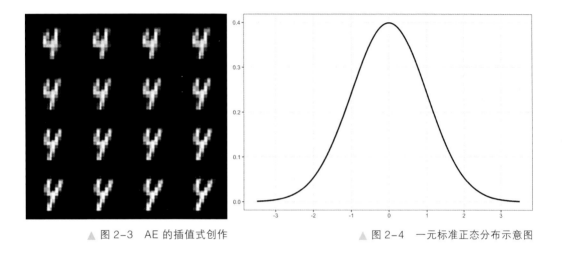

▲ 图 2-3　AE 的插值式创作　　　　　　▲ 图 2-4　一元标准正态分布示意图

在这种思想的指导下，"变分自编码器"（Variational Auto Encoder, VAE）于 2014 年应运而生，通过这种模型训练后得到的 AI，不仅能够对图片有理解，而且你会发现它对所有图片的理解的集合，大致是服从"标准正态分布"的。这样一来，之前提到的问题就都得到了解决，因为：

可以进行"插值"之外的创作。我们只要从"标准正态分布"里随机取一个数据，它就能作为 AI 的理解，并让 AI 根据它进行创作。

"插值"式的创作变得合理了。从"标准正态分布"中任取两个数据进行插值后的数据，仍然是"大致"服从"标准正态分布"的。

严谨一点儿的话，插值完的数据只是服从均值为 0 的正态分布，但标准差会小一些。实际应用时，这种标准差的误差往往可以忽略，所以实际插值的效果往往都还不错。

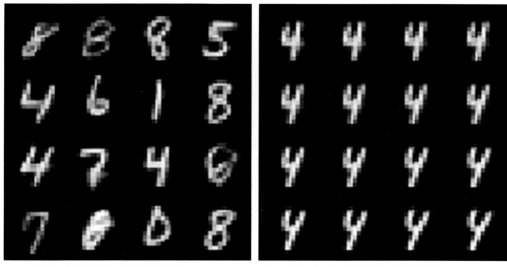

▲ 图 2-5　VAE 手写数字的生成效果　　　　▲ 图 2-6　VAE 手写数字的插值效果

第3节 / GAN：在自我对抗中成长

虽然 VAE 从理论上已经解决了不少问题，但在实际应用时（正如上一节最后两张图所示），大家还是发现了它能力上的局限性：无法生成高清的图片，或者说生成的图片往往比较小、比较糊。这可以说是"成也 VAE、败也 VAE"：因为 VAE 比起 AE 最大的改进就是对 AI 的理解进行了约束，但这种约束虽然能带来更强的稳定性，却也限制了 AI 的发挥，导致它有些"保守"，或者说"缚手缚脚"。

事实上，仅从清晰度来说，AE 是要比 VAE 好一些的。也正因为如此，后面学者们取长补短，研发出了 VQ-VAE 模型，这一模型兼顾了清晰度与约束性。不过由于 VQ-VAE 和本章主干不甚相关，故在此略去不表。

回顾 VAE 的重要思想，我们发现主要有两个：

采用"先模仿，再创作"的学习路径。

采用"标准正态分布"去约束 AI 的理解。

由于"对 AI 的理解做约束"这种思想是具有普适性的，所以除了开发出 VAE 的学者之外，也有另一部分学者在该思想的引导下进行研究。但是，与 AE → VAE 这种路线不同，这些学者并没有继续沿用"先模仿，再创作"的思路，而是另辟蹊径，尝试让 AI 进行自我对抗。

在这种自我对抗的思想下，学者们于 2014 年提出了"生成对抗网络"（Generative Adversarial Networks，GAN），它由生成器（Generator）和判别器（Discriminator）两部分组成。其中，生成器的作用是直接生成图像，而判别器的作用则是判断图像是真实的还是虚假的。如此，生成器和判别器在不断对抗中互相学习和优化，从而不断提高生成器生成图像的质量。需要注意的是，这里的生成器也是从"标准正态分布"出发去生成图像的，所以也可以认为生成器学会了如何把"标准正态分布"中的一个数据，转换成真实世界中的一张图片。

经过学者们的研究与优化，时至今日，GAN 模型已经可以生成非常

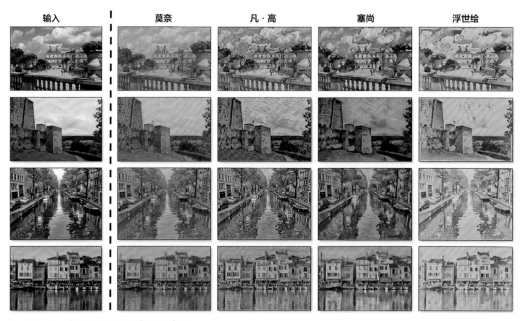

▲ 图 2-7　基于 GAN 的风格迁移效果
（资料来源：https://github.com/junyanz/CycleGAN）

逼真的图像了，因此它被广泛应用于各种 AI 绘画领域，如人脸生成、艺术风格转换、图像修复等任务中。

| Input
From real life
输入
取自现实照片 | HiFaceGAN
ACMMM 20
输出 | DFDNet
ECCV 20
输出 | Wan *et al.*
CVPR 20
输出 | PULSE
CVPR 20
输出 | **GFP-GAN**
Ours
输出 |

▲ 图 2-8　基于 GAN 的图像修复的效果图
（资料来源：https://github.com/TencentARC/GFPGAN）

▲ 图 2-9　基于 StyleGAN 的人脸生成效果
（资料来源：https://github.com/NVlabs/stylegan）

需要指出的是，GAN 模型的训练过程是非常复杂的，要通过一定的技巧才能得到较好的效果。此外，GAN 模型还存在一些问题，比如模型稳定性、生成多样性等方面的问题。针对这些问题，学者们提出了一些改进方法，如 WGAN、CycleGAN、StyleGAN 等。这些模型的提出进一步推动了 AI 绘画领域的发展，特别是 StyleGAN（以及后面持续更新优化的 StyleGAN2、StyleGAN3），它已经可以生成非常逼真的图片，所以被视为是 GAN 里程碑式的模型之一。

第 4 节 / CLIP：连接不同数据的桥梁

在 StyleGAN 面世之后，人们一度以为找到了 AI 绘画的"金钥匙"：因为它确实能够生成高清的、好看的图片，同时只要你提供足够多的图片，它就可以学习到这些图片的规律，并进行类似图片的生成。然而，人们很快又发现了它的不足，那就是比较难去"指挥"AI 生成特定的图。换句话说，大部分效果很好的 GAN 模型，都只能"随机地"生成某个特定类型的图（比如人脸、动物、植物等），而不能生成我们"描述的"、带有某些具体特征的图片。

以生成人脸为例，GAN 模型擅长生成一张随机的、逼真的人脸，却很难让用户指定该人脸的特征。比如当我们想给 AI 说"请给我一张戴着眼镜的人脸"时，会发现无从下手，因为在模型的训练过程中，它只学会了直接生成，却没有学会怎么根据某个"条件"来进行生成。

为了解决这个问题，学者们"兵分三路，各显神通"[1]：

第一条路径是对给 GAN 训练的图片分类，然后训练 GAN 时告诉它

---

[1] 实际探索 GAN 的条件生成的路径远远不止这三条，这三条只是相对主流的、知名度较高的路径。

每张图片的标签。这样一来，在实际运用 GAN 进行创作时，就可以指定它生成哪个类别下的图片了。这条路径的优点在于对整个流程的改动较小；缺点则是虽然加入了可控性，但不多——我们只能生成特定类别的图片，训练数据以外的类别就生成不了了。而且当类别越来越多时，可想而知，训练本身的难度也将越来越大。

第二条路径是研究 StyleGAN 训练后对图像的理解。学者们发现，虽然 StyleGAN 的理解脱胎于"标准正态分布"，但由于该模型会先将输入数据映射成某个"潜在表示"，而且这个"潜在表示"是具有丰富信息的，所以通过对这个"潜在表示"进行操作，就可以在某种程度上控制生成图片的特征。这条路径的优点在于可控性大大增强，其中尤为出名的应用就是人脸生成应用，它已经可以做到控制一张脸的年龄、性别、发型、皱纹、肤色、是否戴眼镜等诸多特征。然而，缺点也较为明显：一来它是针对训练后的 StyleGAN 的研究，要求得先有一个比较好的 StyleGAN，其他 GAN 模型理论上也能这么做，但至少从结构上得或多或少与 StyleGAN 对齐；二来这是一个"两步式"（Two Stage）的过程，我们得先有一个训练好的 GAN 模型，然后再在其基础上进行二次开发，这就加大了开发难度与应用难度。

第三条路径是研究怎么把我们日常生活中都会用到的、互相沟通的工具：自然语言，也转换成 GAN 模型能够理解的东西。毕竟说白了，从理论上来说，任何"条件"（或者说我们对 AI 绘画的"期待"）都可以用自然语言描述出来。如果能让 GAN 模型理解自然语言的话，那么理论上就能进行任意的、不受限的条件生成。

那怎么才能让 GAN 理解自然语言呢？学者们发现，我们可以先做一件更本质的事情：让 AI 学会如何把不同模态（modal）的数据联系起来。所谓的"一种模态的数据"，其实就是"一种类型的数据"。比如说，自然语言是一种模态，图片也是一种模态，音频、视频又各属于一种模态。

那么为了让 AI 把不同模态的数据联系在一起，学者们于 2021 年提出了 CLIP 模型。

CLIP 模型的原理其实比较通俗易懂：它期望把不同模态的数据都映射到同一个"潜在表示空间"（Latent Space）中，然后彼此相似的数据映射完得到的"潜在表示"要更接近，彼此有区别的数据映射完之后要隔远一些。

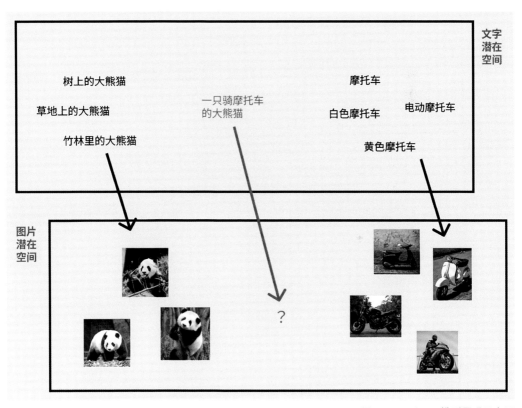

▲ 图 2-10　CLIP 模型原理示意图

那么，只要给 CLIP 模型学习足够多的数据，它就能理解"怎样的自然语言是和怎样的图片相似"这样一个概念。那么利用它，我们就能控制任何 GAN 模型了，因为对于某个特定的"条件"，只需：

● 把该"条件"用自然语言叙述出来。

● 用 CLIP 模型得到该自然语言的"潜在表示"。

● 不断调整 GAN 模型的初始理解，使得 GAN 在该理解下创作出来的图片的"潜在表示"，与刚刚得到的"潜在表示"尽可能接近。

这样就可以得到符合特定"条件"的图片了。对于这种用 CLIP 指导生成模型生成图片的过程，我们一般称其为 CLIP-guided Generation。

第 5 节 / Diffusion：现代 AI 绘画的基石

上一节提到的用 CLIP 去指导 GAN 进行条件生成的方法，从理论上来说已经解决所有问题了：毕竟除了用自然语言去指导，我们甚至可以用音频、视频，甚至另一张图去指导——只要有相应的 CLIP 模型来连接不同模态的数据就行。但，又一次的，理论归理论，实际归实际，人们发现这种方法，一是有点儿太慢了（毕竟 AI 想要把 GAN 的初始理解调整到刚好符合条件的程度是需要一定时间的），二是效果也确实不尽如人意。

一个很自然的想法就是，能否不做成 Two Stage 的，而是从一开始就设计这么一个模型，它能直接把自然语言（或者其他模态数据）被 CLIP 映射后的潜在表示作为模型的输入，配合上某个初始理解，来直接生成出对应的、符合条件的图片呢？

答案是可以的，但不是用 GAN，而是用"扩散模型"（Diffusion Model）。[①]

───────────────

① 也许是有工作做出了CLIP-Conditioned GAN，但也许没有特别出名，又或是囿于笔者见识，没能找到相应的代表作。此外，从理论上来看，基于卷积神经网络（Convolutional Neural Network，CNN）的GAN模型的模型容量可能确实不足以支撑多模态（Multi-Modal）生成这个非常复杂的任务，所以这里仍采用了CLIP-Conditioned模型一般都采用（基于Transformer结构的）Diffusion模型的说法。

Diffusion 模型是一种基于概率的生成模型，它可以用来生成高质量的图像。与传统的生成模型不同，Diffusion 利用了著名的 Transformer 结构来作为模型的核心组成部分，还采用了一种递归式的生成过程，通过不断对原始的、服从"标准正态分布"的"噪声图"进行采样 / 去噪来生成图像。

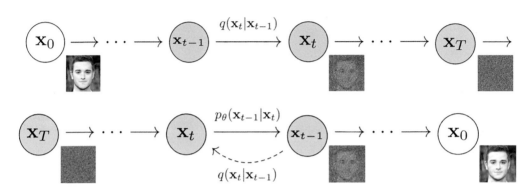

▲ 图 2-11　Diffusion 模型原理的示意图
（资料来源 https://www.assemblyai.com/blog/diffusion−models−for−machine−learning−introduction/）

有趣的是，Diffusion 模型的发展路径基本上"照搬"了它的前辈——GAN 模型的发展路径。它一开始也是只能生成某种特定类型的图片，然后在接入了 CLIP 之后，实现了 CLIP-guided Generation。但让 Diffusion 第一次出圈的，无疑就是一个叫 Disco Diffusion（DD）的模型。虽然从技术上来说，Disco Diffusion 无非又是一种 CLIP-guided Generation，但架不住效果是真的好。

因此，即使 Disco Diffusion 往往需要几分钟甚至十几分钟才能生成一张图，人们仍然觉得它非常惊艳，它也吸引了大量开源社区的开发者去维护、迭代和优化。[1]

---

① 许多人会把这个生成过程称为"渲染过程"。这是一种虽然没有问题，但不够准确的说法，因为所谓的"渲染"过程，其实是 AI（如所有 CLIP-guided Generation 一样）在找合适的初始理解的过程。

▲ 图 2-12　Disco Diffusion 标志性灯塔生成效果
（资料来源：谷歌）

　　读者此时可能就想问了：不是说要直接把潜在表示作为模型的输入吗？怎么才能做到这一点呢？别急，下一节要介绍的 Stable Diffusion，就完美地解决了这个问题，从而终于让 AI 绘画创作出来的图片不仅能符合任何自然语言给出的条件，而且生成的速度相对而言还很快。Stable Diffusion 彻底掀起了这一波 AIGC 的浪潮，并吸引了大量的业内、业外人士对其进行开发、实验与应用。

第 6 节 / Stable Diffusion：引领时代的潮流

上一节提到的 Diffusion 模型，我们会发现，如果我们想生成一张图片，就得从一张和这个图片一样大的"噪声图"开始，慢慢地进行"去噪"，并得到最终的图片。虽然这样确实也能生成高清图，但不难想象，随着生成图片的分辨率越来越大，模型就会越来越吃力：因为此时它就需要从越来越大的原始噪声图开始去噪。

打个比方，这相当于一个雕塑的过程：Diffusion 模型生成图片，可以类比雕塑家创作雕塑。如果想要最终得到的雕塑更大，用的原石也就要更大。

▲ 图 2-13　Diffusion 模型之于雕刻类比图

从直观上来说，雕塑时用的原石越小，雕塑家的创作速度肯定会越快，那么对于 Diffusion 模型，我们有办法让它从不那么大的原始噪声图开始去噪吗？答案是有的，而且非常巧的是：我们可以用本章第 2 节提到的技术——AE 来实现这一点！所以说，很难把一项技术归结为"过时""老旧"，我们仅仅可能是还没有挖掘出它的价值而已。

具体而言，我们可以先训练一个 AE 来对原始图片进行"压缩"，然后用一个 Diffusion 模型去生成"压缩"后的图片。实际应用时，当我们生成完一个压缩后的图片之后，我们可以再用之前的 AE 的解码器来把压缩的图片"复原"成真实的图片，从而完成全链路的图片生成。还是拿雕塑举例，AE 相当于允许雕塑家拿一块小了几倍（通常是 4~8 倍）的原石来进行创作，在创作完成之后，AE 会利用它的能力，把成品进行"放大"，从而得到最终的雕塑。需要注意的是，这里用小了几倍的原石雕刻而成的"作品"，往往不是真正的雕塑。也就是说，Diffusion 模型此时生成的、压缩后的图片，其实并不是简单的"缩小版"的图片，而是一种更抽象的、只有 AE 的解码器能够理解的东西。事实上，在第 2 节举的例子里，我们甚至是把图片压缩到了一个向量上！

这种做法对应的模型被冠名为潜在扩散模型（Latent Diffusion Model，LDM），顾名思义，就是在"潜在表示空间"中训练的 Diffusion 模型。它的优缺点也很直观：

优点在于，由于所有操作都在一个相对较小的数据上进行，速度会快很多，而且也能生成更大的图片。

缺点在于，毕竟是经过了一个压缩操作，出来的图片从质量上来看可能会稍逊一筹。

那么，怎么解决它的缺点呢？这里就体现了本章第1节提到过的"大力出奇迹"的思想了：没关系，只要我给模型学习足够多的数据就行。百万不够？那就千万、万万，甚至十亿。海量的数据，加上足够的算力支撑，Stable Diffusion（SD）在 LAION-5B 和 Stability.ai 的 A100 集群的加持下横空出世。由于它速度快、效果好、开源免费，所以迅速席卷了行业内外的圈子。

虽然 SD 效果已经很出色，但综合比较下来，确实和 DD 尚存差距，也就是说 LDM 的缺点仍然存在。不过，因为这种差距已经足够小，所以在应用层面可以忽略，因此 SD 仍然十分成功。

▲ 图 2-14　Stable Diffusion 生成效果

❶ Turing A M. Computing machinery and intelligence［M/OL］.（1950）
［2023-06-12］. Springer Netherlands. https://doi.org/10.1093/mind/
LIX.236.433.

❷ 百度百科.符号主义［Z/OL］.（2010-12-08）［2023-06-12］.https://
baike.baidu.com/item/%E7%AC%A6%E8%99%9F%E4%B8%BB%E7%BE
%A9/10570834.

❸ Wikipedia.Connectionism［Z/OL］.（2003-07-09）［2023-06-12］.
Wikipedia.https://en.wikipedia.org/wiki/Connectionism.

❹ Wikipedia.Behaviorism［Z/OL］.（2002-01-19）［2023-06-12］.
https://en.wikipedia.org/wiki/Behaviorism.

❺ Wikipedia.Machine learning［Z/OL］.（2003-05-25）［2023-06-12］.
https://en.wikipedia.org/wiki /Machine_learning.

❻ Wikipedia. Deep learning［Z/OL］.（2011-07-20）［2023-06-12］.
https://en.wikipedia.org/wiki /Deep_learning.

❼ Wikipedia.Autoencoder［Z/OL］.（2006-09-04）［2023-06-12］.
https://en.wikipedia.org/wiki/Autoencoder.

❽ Wikipedia.Variational autoencoder［Z/OL］.（2019-10-16）［2023-06-12］.
https://en.wikipedia.org/wiki/Variational_autoencoder.

❾ Wikipedia.Generative adversarial network［Z/OL］.（2016-04-07）
［2023-06-12］.https://en.wikipedia.org/wiki/Generative_adversarial_
network.

❿ Wikipedia. DALL-E［Z/OL］.（2021）［2023-06-12］.https://
en.wikipedia.org/wiki/DALL-E.

⓫ Wikipedia.Diffusion model［Z/OL］.（2022-10-04）［2023-06-12］. https://en.wikipedia.org/wiki /Diffusion_model.

⓬ aletts,MSFTserver,somnai-dreams,Chris Allen,Tom Mason,James Hennessy,Renlong,David Sin,Mike HowlesNate Baer,cansakirt.disco-diffusion［Z/OL］.Github.（2022-02-24）［2023-06-12］.https://github.com/alembics/disco-diffusion.

⓭ rromb,mablattmann,Katherine Crowson,Ahsen Khaliq,Patrick Esser. latent-diffusion［Z/OL］.Github.（2021-12-20）［2023-06-12］. https://github.com/CompVis/latent-diffusion.

⓮ rromb,PatrickEsser,Patrick von Platen,ablattmann,Cheng Lu,owenvincent ,apolin á rio,CharlesPacker.stable-diffusion［Z/OL］.Github.（2021-12-20）［2023-06-12］.https://github.com/CompVis/stable-diffusion.

第三章
AI 绘画多样化能力实操

想象力比知识更重要，正因知识是有限的，
而想象力概括着世界上的一切，推动着进步，
并且是知识进步的源泉。

——阿尔伯特 · 爱因斯坦（Albert Einstein）

通过上一章详细介绍的 AI 绘画的技术原理及迭代演进，我们了解到 Diffusion 是目前 AI 绘画的主流技术。当然，AI 绘画模型不止一家，研究者、产业界基于 Diffusion 技术衍生出一系列 AI 绘画模型，它们的能力也各有千秋。主流的 AI 绘画模型包括 Disco Diffusion、Midjourney、DALL·E、Stable Diffusion，基于 SD 模型所优化的 AI 绘画应用产品，如 Nolibox 画宇宙、无界 AI、造梦日记、Tiamat 等国产软件也在短时间获得了大量用户，并为用户提供了模型层之上多样化的功能及交互方式，并各有优势。

文本描述
一幅美丽的画作，描绘了丘陵和山脉、平原和河流上迷人的城堡，由 Ismail Inceoglu 绘制

▲ 图 3-1　Disco Diffusion 绘制的作品

本章节将为大家详细分析不同模型的能力对比，并对模型层之上的功能实操进行详解，同时为大家拆解面向不同场景的提示词输入技巧（Prompt Engineering），全面展示 AI 绘画的多样化能力及使用方式。

Disco Diffusion 是第一个具有广泛影响力的开源 AI 绘画大模型，其生成的作品场面宏大、色彩恢宏，但精细度欠佳，而且计算时间长、性能要求高，因此 Disco Diffusion 在 Stable Diffusion 出现后渐渐式微。

Midjourney 在生成作品的艺术性、精细程度上独树一帜，吸引了大量艺术家、设计师及用户，目前已经更新到 V5.2 版本。Midjourney 的技术团队部分来自 Disco Diffusion，不过由于 Midjourney 没有开源，具体情况未知，而且目前只能通过 Discord 使用。

DALL·E 由 OpenAI 团队研发，这个团队同时也是掀起新一波全球 AI 浪潮的 ChatGPT 的研发团队。2021 年 1 月，OpenAI 发布了 DALL·E，并在一年后发布了生成能力更强的 DALL·E2。目前 DALL·E 只能通过 API

▲ 图 3-2 伫立在外星球的中国寺庙建筑

访问，为微软等少部分产品提供 AI 绘画能力。

DALL·E 和 Midjourney 并未开源且都有一定准入门槛，其他一些开源模型比如 Disco Diffusion 则对电脑性能要求高、生成慢，基本上都是小部分人参与，大部分人围观。直到 2022 年 8 月 AI 模型 Stable Diffusion 的开源，才真正引爆了全民参与 AI 作画的热潮。

▲ 图 3-3　DALL·E1 模型与 DALL·E2 模型效果对比

Stable Diffusion 由 CompVis LMU、Stability.ai、Runway 等团队联合发布，有别于只能通过云服务访问的 DALL·E 和 Midjourney，Stable Diffusion 直接开源了代码和模型权重，这样大家都能进行二次开发或者进行模型训练和调优，另外 Stable Diffusion 技术上基于潜在扩散模型，对计算设备的性能要求大大降低，这样更多人可以轻松在消费级显卡上尽情创作。

由于其开源且对电脑性能要求低，Stable Diffusion 具有极大的灵活性和可玩性，比如除了文字生成图片，Stable Diffusion 还有擦除、外延、模

型调优等诸多能力。通过一些描述词优化、参数设定以及模型训练调优，Stable Diffusion 生成的图像品质也不亚于其他任何 AI 绘画模型，因此本书介绍的 AI 绘画功能会主要基于 Stable Diffusion 的能力。

第1节 / 文字生成图片

　　输入寥寥数语，便有可能获得一张情理之中、意料之外的精美画面，这似乎是当下大多数人对 AI 绘画能力的共同认知。然而，AI 并不具备如此强大的"读心"功能，许多人的 AI 绘画初体验也是失望的，有人因此对 AI 绘画能力产生了质疑。但如果了解了 AI 绘画的基本逻辑，准确描述自己期望的画面并生成与之相差无几的图片并非难事。

　　AI 绘画背后的运作逻辑是 AI 通过学习海量绘画作品数据，对人类绘画产生一定趋向性认识，继而从已有的图像中提取数字特征，再应用到绘画过程。在这样的技术加持下，用户需要对画面内容、风格，或者你能想到的任何画面相关信息，如喜欢的艺术家、照片滤镜、艺术流派、艺术形式等进行尽可能准确的描述，以提高 AI 对指令的理解程度。

　　说到指令，不得不提到"Prompt"，即"提示词"或者"描述语"，它是我们输入 AI 的语句，也是 AI 创作沟通的媒介。用户将自己想象中的世界，用恰当的提示词描述出来，AI 才能听懂、理解，进而生成令人满意的画面。一个好的提示词也是有固定套路的，我们推荐使用下列公式撰写关键词：

［形容词＋主语］，［细节设定］，［修饰语或艺术家］

形容词＋主语：

主体物，基本上由"形容词＋名词"构成，避免写动词

细节设定：

图片画面的细节描述
修饰语或艺术家姓名

修饰语或艺术家：

绘画种类，如 CG 绘画、油画、水彩、蜡笔画等
构图，如俯视、特写、黄金分割等
细节描述语，如赛博朋克、4K、极度写实等
艺术家，如凡·高、达·芬奇、毕加索等

按照这样的格式，我们可以写出这些描述词：

一个透明的花瓶，特写，印象派，由凡·高创作
一位美丽的少女，壁画，半身像，黄金分割，由米开朗琪罗创作
宁静安详的中国乡村田野，水墨画，由吴冠中创作
宇宙飞船在火星降落，素描，简笔画，极度写实

▲ 图 3-5　文字生成图片（text2img）示意图

在描述过程中，可以采用这样一些技巧：

一、描述要尽可能具体

任何你没有描述的内容 AI 都会随意发挥，模糊的描述会让你得到多样化的结果，但同时你也很可能得不到你想要的图像。

prompt	Cute Cat	Cute Grey Cat	Cute Grey Cat with blue eyes, wearing a bow tie
提示词	可爱的猫	可爱的灰猫	戴着领带的蓝眼睛的可爱的灰猫
效果			

▲ 表 3-1　描述具体的提示词写法事宜
（资料来源：How to Write an Awesome Stable Diffusion Prompt）

二、指定特定的艺术风格或媒介

如果你有期望的艺术风格，可以将其添加到提示词中；如果没有指定风格，生成的结果会倾向于纪实摄影。

prompt	Cute Grey Cat	Cute Grey Cat, acrylic painting	Cute Grey Cat, Unreal Engine rendering
提示词	可爱的灰猫	可爱的灰猫，丙烯画	可爱的灰猫，虚幻引擎渲染
效果			

▲ 表 3-2　特定艺术风格提示词描写方法

三、指定特定的艺术家

如果你有希望 AI 效仿的艺术家，可以在提示词中输入"由 XX（艺术家名字）创作"，这将使图片看起来像该艺术家创作的作品。不过需要注意，如果使用近现代艺术家的名字，可能会由于作品风格相似而引

prompt	Cute Cat	Cute Grey Cat, by Pablo Picasso
提示词	可爱的猫	毕加索画的可爱的猫
效果		

▲ 表 3-3　特定艺术家提示词描写方法 1

发争议，所以我们建议在提示词中使用近代之前的艺术家。

另外我们可以将不同艺术家自由组合在一起，这样 AI 往往会生成我们意想不到的结果，比如将多个艺术家的风格融合起来。需要注意，组合顺序会影响生成结果，排在前面的词对结果影响更大。

prompt	portrait of a girl by Anton Fadeev and Thomas Kinkade and Vincent van Gogh	portrait of a girl by Vincent van Gogh and Thomas Kinkade and Anton Fadeev
提示词	由安东·法捷耶夫、托马斯·金凯德和文森特·凡·高绘制的女孩肖像画	由文森特·凡·高、托马斯·金凯德和安东·法捷耶夫绘制的女孩肖像画
效果		

▲ 表 3-4　特定艺术家提示词描写方法 2
（资料来源：Prompt Arrangement Studies）

最后有一点要注意，如果某位艺术家的创作主题非常狭窄，那么可能会影响图像的内容。比如英国插画家贝娅特丽克丝·波特（Beatrix Potter）的作品以动物卡通画为主，AI 没有见过她绘制的人像，所以"A cute girl by Beatrix Potter"无法生成完美的人像。而输入擅长妇女儿童风俗画的艺术家苏菲·安德森（Sophie Anderson）的名字就可以轻松得到一副肖像画。

prompt	A cute girl by Beatrix Potter	A cute girl by Sophie Anderson
提示词	由贝娅特丽克丝·波特绘制的人像	由苏菲·安德森绘制的人像
效果		

▲ 表 3-5 特定艺术家提示词描写方法 3

四、从不同纬度丰富描述

AI 绘画带来了内容生成的无限可能，一夜之间，大家不再为绘画技法以及如何实现创意发愁，但又立即被另一个问题困扰——如何准确表达我们的创作想法。在 AI 绘画引发"学习绘画无用论"之类的短暂争议后，大家发现有绘画或艺术基础的人还是能更好地进行 AI 绘画创作，因为他们可以信手拈来地使用丰富的词汇去描述画面风格、艺术媒介。

作为一项强有力的创作工具，AI 绘画"只有想不到，没有画不到"。要用好这一工具，我们要在艺术、摄影、媒介等方面补补课，了解相关常见词汇，进而可以从不同维度丰富、完善描述词。下面为大家总结一些常见的提示词。

（完整的提示词汇可以查阅本书末尾的二维码）

艺术家

托马斯·金凯德
Thomas Kinkade

凡·高
Vincent van Gogh

列昂尼德·阿夫雷莫夫
Leonid Afremov

莫奈
Claude Monet

毕加索
Pablo Picasso

卡斯帕·大卫·弗里德里希
Caspar David Friedrich

詹姆斯天梭
James Tissot

穆夏
Alphonse Mucha

爱德华·霍珀
Edward Hopper

威廉－阿道夫·布格罗
William–Adolphe Bouguereau

弗里达·卡罗
Frida Kahlo

约翰·威廉·沃特豪斯
John William Waterhouse

卡尔·拉森
Carl Larsson

玛丽·卡萨特
Mary Cassatt

桑德罗·波提切利
Sandro Botticelli

古斯塔夫·克里姆特
Gustav Klimt

▲ 表 3-6　常见提示词 1

速写
Sketch

彩色铅笔
Colored Pencil

木炭艺术
Charcoal Art

铅笔素描
Pencil Art

水滴画
Drip Painting

马克笔
Marker Painting

圆珠笔绘图
Ballpoint Pen Drawing

蓝色圆珠笔绘图
Blue Ballpoint Pen Drawing

墨水
Ink

凝胶笔
Gel Pen

圆珠笔
Ballpoint Pen

标记艺术
Marker Art

▲ 表 3-7　常见提示词 2
（资料来源：Nolibox 画宇宙产品）

　　二次元（动漫）风格绘画是 AI 绘画中的"显学"，很多 AI 绘画新技术的出现都要归功于大家对更好的二次元绘画效果的追求。AI 绘画模型对关键词的理解来自其训练数据，此前大火的二次元绘画模型 NovelAI 就利用了来自知名二次元插画网站 Danbooru 的图片及标签进行训练，因此二次元（动漫）AI 模型有特定的一系列关键词。下面为大家总结一些常见的二次元描述词：

风格

传统媒介（多为手绘稿）
traditional media

四格
4koma

漫画
comic

写实
realistic

图上有字样
sample

一部作品中的主要人物集齐
everyone

风景
landscape

城市风景
cityscape

简单背景
simple background

渐变的背景
gradient background

透明的背景
transparent background

侧面绘
profile

剪影
silhouette

动画 gif
animated gif

游戏 cg
game cg

素描
sketch

▲ 表 3-8　常见二次元描述词

第 2 节 / 图片生成图片

Stable Diffusion 能将图片作为"控制条件",所以我们完全可以基于一张已有图片生成新的图片,这样新的图片会利用原有图片的色块信息,带来一种"相似图片生成"的全新 AI 绘画体验。比如 2022 年年底火遍全网的 AI 二次元头像生成,就是基于用户自己的照片,加上不同提示词去生成新的图片。

在操作上,我们可以选择需要让 AI 参考的图片,输入描述词信息并设置相似度(有些地方也称"重绘幅度"),就可以参考已有图片生成

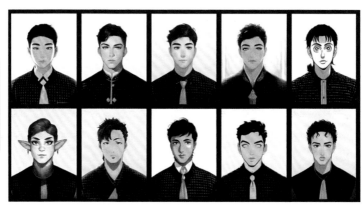

▲图 3-6　基于 AI 绘画的人像生成

新的图片。相似度越高，生成图片跟原图越像，反之生成图片与原图差异越大。这里需要注意，AI 只会参考给定图片的色块信息，并不能理解图片的语意信息，所以需要我们通过描述词控制生成的结果。

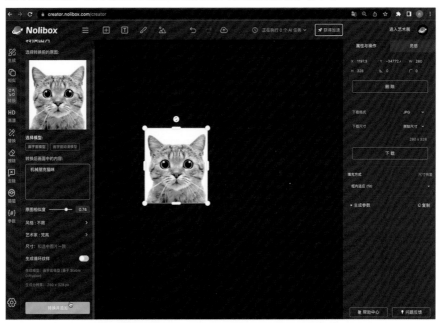

▲ 图 3-7　上传原图并调整相似度

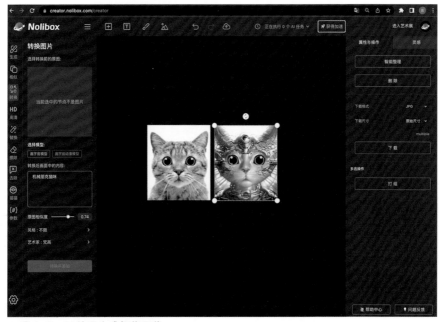

▲ 图 3-8　AI 绘画生成相似图像

第 3 节 / 局部替换

　　如果对图片局部不满意，想要把图片的局部替换成新的内容，可以
圈选图片中需要修改的区域，并配合一句话描述，AI 会帮你进行自然的
图片局部替换。这项功能的实现有赖于 Stable Diffusion 的 inpainting 能力。
Stable Diffusion 开源的模型中包含一系列 inpainting 模型，这种模型专门

▲ 图 3-9　图片局部替换

学习了如何做一个好的"修补匠",从而让我们能对图片局部进行编辑。

如果希望去除图片中部分元素,可以圈选图片中需要去除的区域,AI 会帮你进行自然的背景修补。这项能力出现得比较早,配合局部替换,我们可以对 AI 生成的图片进行持续编辑和优化,让专业创作成为可能。

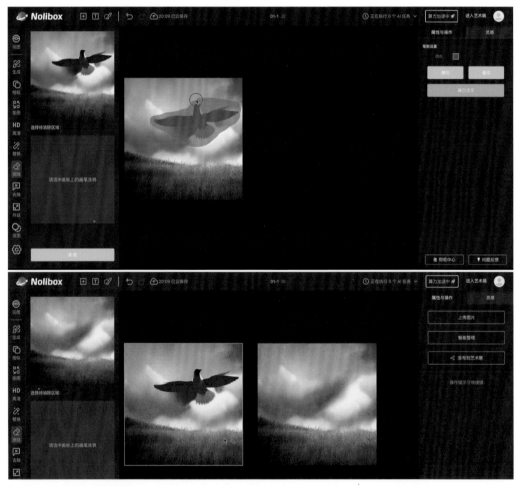

▲ 图 3-10　图片局部编辑

第 4 节 / 图像外延

　　图像外延功能是局部替换功能的延伸，局部替换是在已有图像的内部生成新的内容，图像外延则是在已有图像的外部生成新的内容。这一方法可以实现名画拓展、图像补全，由于其令人拍案叫绝的效果，在不少创意广告中都用到了图像外延能力。

▲ 图 3-11　图左为凡·高自画像，图右使用 AI 绘画"图像外延"功能生成

要使用图像外延功能，我们可以先新建一个与已有图片部分重合的空白画布，输入描述关键词并生成，AI 就会在新建的画布上对原有图像进行补充生成。

▲ 图 3-12　图像外延功能

第 5 节 / 模型调优

从 0 到 1 训练一个模型的成本十分高昂，对大模型来说，模型微调（fine-tune）是一个重要且可行的实现路径。可以这样打个比方，大厂训练过的 AI 通用模型，就像完成了九年义务教育的孩子，数理化政史地都有涉猎，是个通才但不是专才；如果希望这个孩子在特定领域有更深刻的认识和了解，就需要让其专门学习这个领域的知识。模型微调就是让 AI 修一门"大学专业课"。

模型微调主要分两类任务，一类是让 AI 学习某种画风或者艺术风格，另一类是让 AI 学习某个具体物体或人物。目前在国外 civitai、huggingface 等平台上都有大量来自世界各地的玩家训练开源的微调模型。

比如，下图是可以生成逼真照片效果的 realistic vision 模型。

▲ 图 3-13 realistic vision 模型生成效果
（资料来源：https://civitai.com/models/4201/realistic-vision-v13-fantasyai）

▲ 图 3-14 inkpunk 模型生成效果
（资料来源：https://civitai.com/models/1087/inkpunk-diffusion）

上图是用于生成墨水朋克风格的 inkpunk 模型。

一般模型微调常见的模式有 4 种：Dreambooth、Textual Inversion、LoRA、Hypernetworks。

DreamBooth 是由谷歌和波士顿大学的研究人员于 2022 年提出的深度学习生成模型，用于微调现有的 AI 绘画模型。通过对特定主题的 3 ~ 5 张图像进行训练，DreamBooth 可以让 AI 绘画模型生成更加精细和个性化的结果。由于 DreamBooth 是对 Diffusion 模型本身进行微调，其优点是生成效果好，缺点是训练过程对计算资源（具体来说是 GPU 显存）占用大，而且最终得到的模型文件很大（1~6GB），对业余用户来说成本比较高。前面展示的 realistic vision、inkpunk 模型都是 Dreambooth 模型。

Textual Inversion 是一种用于控制从文本到图像生成的技术。我们在第二章中提出过"潜在表示空间"的概念，我们输入给 AI 的描述词最终会转化为潜在表示空间中的潜在表示。Textual Inversion 就是通过学习潜在表示空间中的新"单词"，从少量示例图像中捕获新概念，并将其应用于文本描述中，从而实现对生成图像非常精细的控制。

LoRA 是一种被称作"低秩适应"（Low-Rank Adaptation）的技术，用于微调 AI 绘画模型。LoRA 只需要几张图片来训练 AI 绘画模型，就可以生成特定对象或具有特定风格的新图像，效果与 Dreambooth 不相上下。但相比之下，LoRA 训练快、生成的模型小、性能消耗不大，整体而言更易于训练、分享和使用。比如同样是吉卜力风格，用 Dreambooth 训练的模型文件约 2G，用 LoRA 训练的模型文件从 2MB 到 150MB 不等（大约是前者的 0.1%~7%），在效果上两者不相上下。

Hypernetworks（超网络）在 AI 领域是指生成主要网络权重的网络。换句话说，Hypernetworks 可以生成 AI 绘画模型，并将生成结果引向特定方向，使其能够复制特定艺术家的艺术风格。Hypernetworks 是系统学习和表示自己知识的一种方法，它允许 AI 绘画模型基于先前的经验创建图像，使其能够

▲ 图 3-15　基于 LoRA 模型的训练生成效果
（资料来源：https://civitai.com/models/1066/ghibli-diffusion）

▲ 图 3-16　基于 LoRA 模型的训练生成效果
（资料来源：https://civitai.com/models/6526/studio-ghibli-style-lora）

Dreambooth

Fine-tunes the diffusion model itself
until it understands the new concept

+ probably the most effective
- storage inefficient (whole new
model to deal with)

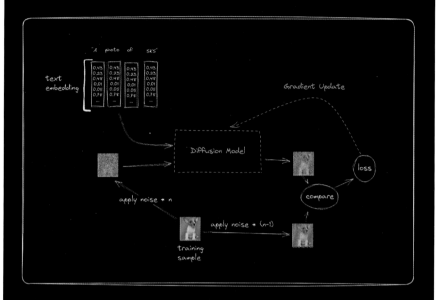

LoRA

Adds a tiny number of weights to the diffusion model
and trains therse until the modified model understands
the concept

+ quick to train

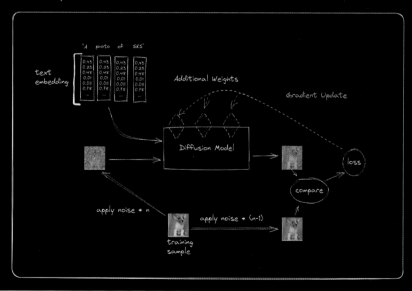

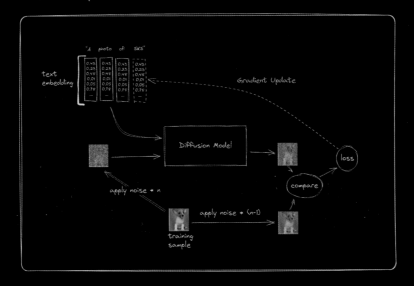

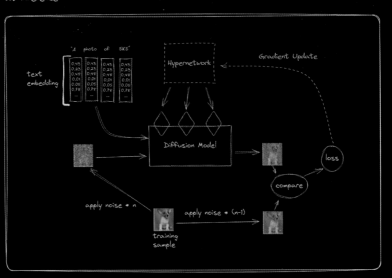

▲ 图 3-17　四种主流模型微调方式的技术原理介绍
（资料来源：Reddit@r/StableDiffusion）

更快地学习和提高。

如果把 AI 绘画模型比做图书馆，通过文字生成图片的过程可以类比为通过匹配书的标题来找到相应书的过程。Dreambooth 就像复制旧图书馆中的所有书，同时更改其中一部分书和标题，以更好地适应训练的主题。嵌入式模型，如 Textual Inversion，就像向现有图书馆添加一本新书，它不像重新调整整个库那样"效果强大"或全面，但资源需求更少，而且不需要整个新的库，只需要一本书。LoRA 模型就像建立一个图书馆副馆，用来记录所有调整过的书和标题，而不需要重新建一个完整的图书馆。Hypernetwork 有点儿像一个卡片目录，它不仅指向图书馆的每本书，而且每本书都有一个附加的指令。所以，计算机不仅仅是去找到这本书并执行它的指令，它还会去卡片目录中寻找该书的卡片，再执行书的指令和卡片的指令。

▲ 图 3-18　基于 LoRA 模型的动漫人物 Lucy 生成效果
（资料来源：https://civitai.com/models/5477/lucy-cyberpunk-edgerunners-lora）

简而言之，AI 绘画模型可以通过 Dreambooth 等方法进行微调，这样可以得到最精确和灵活的模型，但同时需要最多的空间和资源。而嵌入式模型则相对较小，资源需求较少，功能也较为有限。LoRA 在最大程度上保留模型效果的同时，降低了资源需求，训练也更快。Hypernetwork 在资源的需求和训练速度上则介 Dreambooth 与 LoRA 之间，但有时也可能出现效果不可控的情况。

在某些情况下，不同模型可以叠加使用，比如将多个 Dreambooth 模型进行融合，得到具有融合风格的新模型；另一种方式是将 Dreambooth 模型与 Texture Inversion 或 LoRA 模型结合使用，比如将人物模型和风格模型结合，得到特定风格下的人物形象。比如下面是用于生成具体动漫人物 Lucy 的 LoRA 模型，分别与动漫模型、写实摄影模型结合生成的结果。

第 6 节 / 前沿进展

AI 绘画领域是一个发展非常迅速的领域，可以说是"日新月异"，这并不是一种夸张的说法，而是一种切实发生的现状——即使是在我们著书期间，AI 绘画就又发展出了不少非常实用的技巧和技术。因此，本节会从之前几节提到的能力出发，总结它们原始形态的优点与不足，以及后人如何进行针对性的改进。

一、从反面思考

在已经介绍的各种能力中，我们通常都是"正面地"给模型指示，如"我想要一只可爱的猫猫""我想根据这张图进行参考性创作""我想把这部分内容进行替换"等。然后大家发现，AI 在画画的时候会存在一些通用的问题，比如总是画不好人的手，生成的场景图常常带一些奇怪的"文字水印"，生成的人体总是容易存在这样或那样的结构性问题……

那么为了让模型不要犯这些"错误"，人们发展出了一种叫"Negative

▲ 图 3-19　生成图中女性手指存在明显缺陷

▲ 图 3-20　生成图中情侣身体比例极度失调

▲ 图 3-21　生成图片存在文字水印问题

Prompt（负面词）"的技术。顾名思义，原先我们会用 Prompt（提示词）来给予模型指示，现在我们则用 Negative Prompt 来让模型规避特定的问题。这里有一小段比较有代表性的负面词，权作参考，比如："lowres, bad hands, text, error, missing fingers, bad feet, nsfw（Not safe for work）"。上述几个词直接翻译过来是："低分辨率，不好的手，文字，错误，缺失的手指，不好的脚，涉及敏感内容"。把这些信息作为负面词输入给模型后，人们发现模型确实拥有了从反面思考的能力，并切实地提升了生成质量。

作为补充，负面词发展至今，已经涌现出了一种新的技术：Negative Embedding（负面潜在表示）。就像第二章里面提到过的，AI 想要理解自然语言的话，需要先把自然语言映射为某个潜在表示，负面词也不例外。既然如此，比起寻找合适的负面词，对 AI 而言，更本质的就是直接提供理想中的负面词对应的潜在表示。

第一版本的 Negative Embedding —— bad_prompt —— 拥有较为强烈的个性：它似乎能够很好地修复 AI 无法生成逼真手部的问题，但与此同时，似乎又过分地强调了手部的生成。

在该技术被提出来之后，后继者们开始陆续地在各种场景下训练相应的 Negative Embedding，并得到了不少可喜的结果[①]。

▲ 图 3-22　使用 bad_prompt 负面潜在表示的生成效果
（资料来源：https://huggingface.co/datasets/Nerfgun3/bad_prompt）

---

① 无论是负面词还是负面潜在表示，都不是官方原生支持的功能，而是开源社区开发出来的特性，所以部分现存的AI绘画产品并不支持该技术。

二、有主有次，张弛有度

在 AI 绘画技术刚面世之时，大家通常只会用一些简单的提示词来生成图像。比如说，我们常常用的就是"a lovely little cat"（一只可爱的小猫），它的生成效果大致如下图所示：

▲ 图 3-23　"一只可爱的小猫"生成图

后来人们发现，简单的提示词往往只能带来简单的效果，如果想要超越，只能放弃简单——这也是为什么现在常常把给模型写提示词的过程称之为"念咒语"，因为真的很长，而且有很多看上去意义不明的词汇，比如：

(((masterpiece))),(((best quality))),((ultra-detailed)),((an extremely delicate and beautiful)), (beautiful detailed eyes), 1girl, (undine), ((fin_ears)), blue eyes,beautiful_fluffy_hair,(blue hair),(white_skin),(wet_moist_skin), bare shoulders, (mermaid_dress),((tiara)),floating, (detailed light), (floating sand flow), (((colorful bubble))),((illustration)), dynamic angle, (((ink))), depth of field,((watercolor)), (water color painting by Anders Zorn and Artgerm), (watercolor anime sketch), realistic, by Fra Filippo Lippi, anime, (beautiful face), (perfect eyes), perfect fingers

更不用说还有上一小节提到的负面词技巧，那又会是一长串"咒语"：

(((simple background))),monochrome ,lowres, bad anatomy, bad hands, text, error, missing fingers, extra digit, fewer digits, cropped, worst quality, low quality, normal quality, jpeg artifacts, signature, watermark, username, blurry, lowres, bad anatomy, bad hands, text, error, extra digit, fewer digits, cropped, worst quality, low quality, normal quality, jpeg artifacts, signature, watermark, username, blurry, ugly,pregnant,vore,duplicate,morbid,mut ilated,tran nsexual, hermaphrodite,long neck,mutated hands,poorly drawn hands,poorly drawn face,mutation,deformed,blurry,bad anatomy,bad proportions,malformed limbs,extra limbs,cloned face,disfigured,gross proportions, (((missing arms))),(((missing legs))), (((extra arms))),(((extra legs))),pubic hair, plump,bad legs,error legs,username,blurry,bad feet,nsfw

眼尖的读者们此时可能就会发现了：这些"咒语"中间似乎有不少词汇会用一个乃至多个括号括起来，这是为什么呢？事实上，当我们给AI的提示词/负面词变多之后，可想而知，AI要消化的信息也就变多了。如果我们不给它划重点，它很有可能会按照它自己的优先级来处理、反馈信息。所以，人们发明出了一种给AI分清主次的技巧：用小括号括起来的内容是重点，小括号越多就越重要；用中括号括起来的则是相对没那么重要的信息，中括号越多就越不重要。

括号在提示词中的作用：

人们在实际使用时，发现一般小括号会更有效一些，所以中括号在"咒语"中出现的频率会远远小于小括号出现的频率。

这种对非常长的"咒语"的支持不是官方原生的功能，官方原生只支持最多 75 个词的咒语。也正因此，部分现存的 AI 绘画产品只能支持有限的咒语。当然，由于 75 个词实在有点儿少，所以开源社区为此开发出了一种技巧，使得我们能使用任意长度的咒语。

在"咒语"中加入括号的技巧也不是官方原生支持的功能，而是开源社区开发出来的特性，所以部分现存的 AI 绘画产品并不支持该功能。

三、生成相似图片

虽然现在 AI 绘画的能力已经不错了，但如果想要生成一张非常棒的图片，往往也得进行多次的尝试。所以，为了留下时而迸发的灵光，人们开发出了一种技巧：生成相似图片。

在第二章中我们曾经说过，同一套提示词配置下，之所以模型能生成不同的图片，是因为 AI 会从不同的"初始理解"出发去生成图片。拿雕塑家举例，那就是他会拿不同形状的初始原石去进行雕刻。因此，生成相似图片的原理就呼之欲出了：我只需要将这个 AI 的"初始理解"，或者说雕塑家一开始拿到的原石，稍微做下改动，再让 AI 以之为基础进行创作，这样往往就能生成相似的图片了。

▲ 图 3-25　以上一小节生成的小猫为例，生成与其相似的图片

四、生成循环纹样

所谓的循环纹样，是指看上去平平无奇的这样一张生成的图片实际上是可以"循环"起来的。换句话说，我们可以用四张相同的图片，来拼接成一张更大的图：

▲ 图 3-26　AI 生成的循环纹样，提示词是"Rose"　　▲ 图 3-27　循环纹样的拼接图

　　既然四张可以，那其实更多张也可以——换句话说，通过不断地"循环"这张图，我们就能得到任意大的一幅纹样，因此我们称其为"循环纹样"。循环纹样的绘制属于较为困难的工作，AI 生成出来的循环纹样虽然可能不尽如人意，却能提供不错的参考（如布局、结构等），有望成为降本增效的利器。[①]

五、从开盲盒到结构可控性

　　在人们点亮了"念咒语"的技能点后，虽然 AI 生成的效果确实不错了，但仍然不免有种"开盲盒"的感觉——我们很难去具体控制生成出来的图片的某些细节。一个比较经典的例子就是，有不少人会将第二节说的"图片生成图片"的技术应用到某个视频里的每一帧上，从而得到一个

---

① 　生成循环纹样不是官方原生支持的功能，而是开源社区开发出来的特性，所以部分现存的AI绘画产品并不支持该功能。

"AI生成的视频"。我们会发现，这样"生成"出来的视频的"跳跃感"会很严重：

一方面，里面每一帧生成的"内容"虽然和原始"内容"大致相同，却各有各的微小差异，导致主体/背景/风格不统一。有个经典的笑话："看AI生成的跳舞视频，感觉看到了成百上千不同的人"，描述的正是这种"内容不可控"的现象。

另一方面，里面每一帧生成的"结构"虽然与原始"结构"保持了大体的对齐，但这种结构的对齐并不是很强。比如说，原始结构是一个人举起了双手，生成出来的结构很有可能双手都是放下的；又或者，原始结构是一个放着沙发的客厅，而生成出来的结构是放着电视+电视柜的客厅……

为此，学者们开发出了一种叫ControlNet的技术，它能够用不同的方式，去控制生成出来的结构。在ControlNet的加持下，结构可控性的问题基本得到解决。

在本章中，我们带领大家系统性地了解了AI绘画的多样化功能，如文生图、图生图、局部替换等。同时，"面向每个人需求的轻量化模型调优"不再是梦想，我们相信，未来每个人都可能拥有属于创意生产力

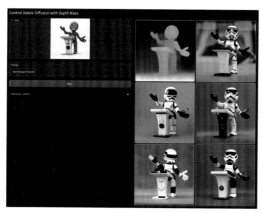

▲ 图3-28　基于深度信息控制"人体"结构
（资料来源：https://github.com/lllyasviel/ControlNet）

▲ 图3-29　控制空间结构示意图
（资料来源：https://github.com/lllyasviel/ControlNet）

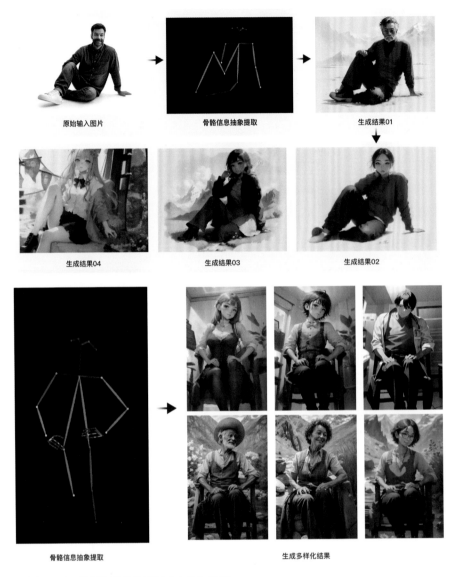

原始输入图片　　　　　　骨骼信息抽象提取　　　　　　生成结果01

生成结果04　　　　　　生成结果03　　　　　　生成结果02

骨骼信息抽象提取　　　　　　　　生成多样化结果

▲ 图 3-30　基于骨骼信息控制"人体"结构

AI 绘画模型。此外，我们发现目前的 AI 绘画的技术还远没到达发展瓶颈，其高频的迭代速度，几乎每个月都有新技术、新功能面世，已经出现了如 ControlNet、循环纹样等一系列可以真正结合创意生产力的画龙点睛之作，这让我们距离"真正实现可控的创意内容生产"的愿景又近了一步。

❶ Katherine Crowson.Disco Diffusionv5.7［Z/OL］.（2019）［2023-06-12］.
http://discodiffusion.com/.

❷ Nosferattus, Yeeno, Koavf et al.Midjourney［Z/OL］.（2022-06-26）
［2023-06-12］.Wikipedia.https://en.wikipedia.org/wiki/Midjourney.

❸ OpenAi. DALL. E 2［Z/OL］.（2022）［2023-06-12］. https://openai.
com/dall-e-2.

❹ Wikipedia.Stable_Diffusion［Z/OL］.（2022-08-31）［2023-06-12］.
https://en.wikipedia.org/wiki/Stable_Diffusion.

❺ Wikipedia.NovelAI［Z/OL］.（2022-10-3）［2023-06-12］.https://
en.wikipedia.org/wiki/NovelAI.

❻ Runwayml.stable-diffusion-inpainting ［Z/OL］.（2022-10-16）
［2023-06-12］.huggingface.https:/ /huggingface.co/runwayml/stable-
diffusion-inpainting.

❼ Wikipedia.DreamBooth［Z/OL］.（2022-11-03）［2023-06-12］.
https://en.wikipedia.org/wiki/DreamBooth.

❽ HuggingFace.Textual Inversion［S/OL］.（2022）［2023-06-12］.
https://huggingface.co/docs/diffusers/training/text_inversion.

❾ Hu, E. J., Shen, Y., Wallis, P., Allen-Zhu, Z.,Yi, Y., Wang, S., Wang,
L., & Chen, W. Lora: Low-rank adaptation of large language models
［J/OL］.arXiv.（2021）［2023-06-12］. https://doi.org/10.48550/
arXiv.2106.09685 .

❿ Ha D, Dai A, Le Q V. Hypernetworks［J/OL］.arXiv.（2016）［2023-06-12］.
https://doi.org/https://doi.org/10.48550/arXiv.1609.09106.

AIGC 设计创意新未来

第四章
AI 绘画的应用创新及落地探索

我愿意用我所有的科技去换取和苏格拉底相处的一个下午。

——史蒂夫·乔布斯（Steven Jobs）

在 AIGC 兴起之前，占据市场的主要是传统的分析式 AI。这些传统 AI 更多被用作"预测机器"，其覆盖的有效场景较少，也难以直接生成可被应用的新内容，更多的创作工作是由人工主导。但以 AI 绘画为代表的"生成式 AI"的出现为消费端和生产端注入了新的活力，机器在"人机协创"[①] 过程中的占比得以提升，AI 更完整的决策判断和内容生成能力让创意工作具有了更多可能。各行业的创意内容生产方式将迎来全新的变革，小到创意工作中的使用辅助工具，大到全栈式创意工作流都将发生不同程度的变化。

根据 AI 绘画在"不同行业场景"中可赋能的"工作阶段"不同，我们将其应用模式分为"创意灵感激发""流量运营赋能""内容生产落地"三个大类。同时，我们根据为不同行业提供 AI 绘画解决方案的经验和对

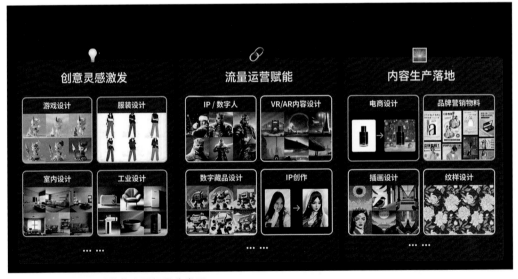

▲ 图 4-1 AI 绘画赋能的主要场景分类图

---

① 人和 AI 协同进行设计创作的模式

AI绘画行业的认知，聚类出"AI绘画含量"[①]较高的"7个设计创意场景"，即：电商设计、游戏设计、工业设计、服装设计、空间设计、品牌营销、UI设计。本章的每个小节将为大家剖析AI绘画在这些领域中真实的应用进展及发展预测。

创意灵感激发

创意灵感激发包含游戏设计、服装设计、工业设计、室内设计等专业设计领域，这些领域通常拥有一套成熟、完整且链路较长的设计流程，同时，设计需求相对复杂，对设计结果及交付标准要求较高也是其显著特点。一般情况下，这些专业设计领域都会涉及设计后期过程中一系列的生产、制作、施工等环节。目前的AI绘画受制于生成结果的可控性等技术局限，通常只能介入到专业设计工作中较为前期的概念设计部分，这一现状在ControlNet等控制技术的诞生后有了一些改观，但总体上，AI绘画的能力在专业设计领域只能作为从业者的前期辅助工具。

流量运营赋能

流量运营的赋能包含一系列涉及品牌营销或用户活动的创意场景，例如NFT数字藏品设计、AR/VR等虚拟场景的数字内容设计、IP/数字人的设计生成、品牌IP的二次创作、趣味修图等方面。多样化、风格化的视觉创意元素是品牌运营及营销活动中最重要的传播要素，而AI绘画内容产生的批量化、差异化及快速响应等功能优势特征，以及低门槛的

---

① AI绘画含量代指AI绘画技术在该行业或环节被应用的广泛度、在流程中的渗透率等。

用户创作和互动性，得以在整个创意生产链路中完美体现，可以较好地覆盖从品牌策划到基础视觉元素产出的前中期环节，极大满足了品牌营销、流量转化这种活动的"一次性""高频易耗"的视觉创意内容需求。

内容生产落地

内容生产落地主要指 AI 绘画可以全流程自动完成可交付的创意内容，例如电商设计、品牌物料设计、插画 / 插图设计、图形及纹样设计等。这些场景的显著特点是设计路径单一且设计流程较短，基本上是以基础图片的形态进行交付，经过针对不同风格、场景的 AI 绘画模型微调训练，就可以很好地生成高品质、可交付的落地设计。例如电商里商品图的生成、文案搭配和自动设计排版，基本上覆盖了电商详情页设计的全流程；还有服装设计领域的印花图案及纹样设计，AI 绘画在产出合适的图形后也可直接交付到后期制作阶段。

第 1 节 / 电商设计领域

一、AI 绘画在电商设计领域的应用现状

2016 年，以阿里"鲁班"（后更名为"鹿班"）为代表的初期智能设计工具的问世，标志着 AI 技术首次介入电商设计领域，这一技术的应用为电商设计带来了新的可能性。2022 年，Microsoft Desinger、Nolibox 系列产品等以"生成式 AI"主导视觉设计的工具出现，在一定程度上改写和重塑了设计师的角色和职能。随着 AI 绘画生产力平民化，信息量将呈现前所未有的大规模爆发式增长，深刻影响人群、渠道和场景的碎片化与个性化。从工业制造、互联网制造再到 AI 制造时代，消费领域也将迎来物种大爆炸般的繁荣。在这一背景下，利用 AI 绘画赋予的生产力工具，发挥其对商品创新和营销的增强这一优势，将成为下一阶段商品竞争的关键武器。

电商作为一个综合性的商业领域，其业务环境具有极高的多样性和复杂性，因为商家需要面对不同的客户群体、市场环境和产品种类等多重要素，这些要素都是在不断变化和发展的，由此引申出的专业工作领

域和设计范畴也是分门别类且各具特色。例如，电商网站的视觉设计和
交互设计需要考虑到用户体验、品牌形象以及平台特色等因素，而商品
页面的优化设计则需要关注并满足用户的购物需求，包括商品分类、详
细描述、图文展示等。总体而言，电商领域的工作范畴包括了电商运营、
电商推广、供应链管理、营销策划、视觉设计、交互设计、前后端开发、
自媒体、客户服务等。

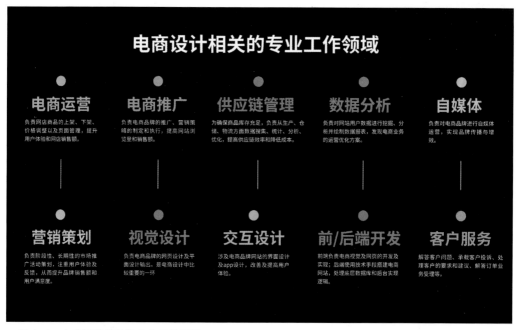

▲ 图 4-2　电商设计相关的专业工作领域

　　视觉设计表达无疑是电商设计链路的核心之一，其他工作节点也或
多或少与视觉设计存在联系，如线上商品的点击率、用户的留存时间、
销售转化率等均与视觉设计的品质、用户审美匹配度及设计多样性等因
素密切相关。本文的核心重点 AI 绘画无疑是与视觉设计、图像创意领域
息息相关的，AI 绘画凭借其大批量、低成本、多样化的视觉图形生成特点，
完美符合电商企业对于设计效果多样化和效率提升的要求。它的到来将
会为行业带来什么样的惊人变化？

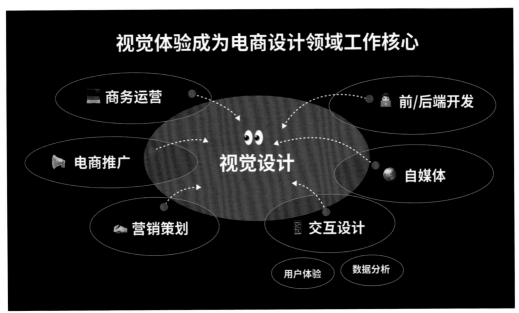

　　我们首先要客观认识到，虽然当前电商行业对 AI 绘画等 AI 技术寄予厚望，但在实际应用中确实存在一定的挑战。大多数 AI 绘画应用仍处于相对初级的娱乐化阶段，相当于最初期的电脑"图形界面操作系统"，想要作为专业的生产力工具，并实现商业级别的电商设计内容替代，还需要跨越一定的鸿沟。生成式 AI 的最大优势在于其能产生海量且多样化的结果，然而，电商行业对于内容生成的需求更注重确定性和高质量，这导致了 AI 绘画在电商场景下面临着一些矛盾和挑战。为解决这些矛盾，以下几点可能对 AI 绘画在电商领域的应用有所帮助。

持续优化算法：

　　通过不断优化和改进算法，提高 AI 绘画在电商领域的适应性和准确性，使其能够生成更符合电商需求的高质量视觉内容。

人工智能和人工审核相结合：

在 AIGC 技术生成内容的基础上，结合人工审核，以确保内容质量。这种人机协同的方式可以充分发挥 AI 的优势，同时保障内容的质量和准确性。

AI 大模型与行业知识相结合：

通过将 AI 大模型与电商行业的专业知识相结合，使 AI 系统更加了解电商领域的特点和需求，从而提高视觉内容生成的质量和适应性。

定制化和场景化的解决方案：

为不同的电商场景和需求提供定制化的 AI 绘画技术解决方案，以满足在不同领域和场景下的特定需求。

尽管 AI 绘画在电商领域的应用仍面临一定的挑战，但国内外不少初创 AI 公司仍然在产业应用中取得了不小的成果，并逐步让更多高质量、确定性的内容生成成为电商行业的现实。在国内，Nolibox 以"画宇宙商品图生成"和"图宇宙智能平面设计平台"为代表产品，为品牌和企业提供轻量级商品图的背景生成和可直接交付的营销物料智能设计服务，为电商内容制作提供了低成本投入、高质量产出的解决路径。除此之外，SHEIN 等跨境电商品牌的成功，推广了"小规模生产、快速补货"的商业模式：商家根据初步销售数据，采用小批量生产多款饰品的策略，对畅销品实行快速补货，以减轻库存压力。然而，面对成百上千的 SKU（Stock Keeping Unit，最小存货单位），为每件单品拍照、修图是一项耗时费力的工作。对此，有很多企业敏锐地嗅到了商机，并提出了对应的产品解决方案。

初创企业 ZMO.AI 将 AI 绘画技术应用于电子商务领域，卖家只需上传产品图片，然后调整图像，即可获得自己的穿搭展示图，并根据这些图片为不同消费群体调整衣物版型和颜色。

在海外市场，Pebblely、Mokker、FlairAI、Photoroom、BoothAI 等产品为电商企业提供商品图融合服务。其中，Pebblely 提供了多种场景预设，允许用户输入文字、图片进行自定义生成，并支持融合后商品场景图的尺寸延展；Mokker 为不同品类的物品，如美妆、箱包、汽车、家具等提供了不同场景的模板，帮助客户增强展示效果，精准地呈现出商品的独特魅力与风格；FlairAI 提供了大量结构化的场景描述词模板，让用户可以方便地选择描述词模板并进行二次修改，此外 FlairAI 更新了展台功能，用户可以使用不同的展台、花卉、背景素材快速拼接出场景草图；Photoroom 的核心功能是商品抠图和替换背景，由于其功能简单且容易上手，大量海外中小商家成为其忠实用户，在完成新一轮融资后，Photoroom 加大了在 AI 上的投入，并计划在不久后推出 AI 商品图融合的功能；BoothAI 的功能与 Pebblely、Mokker 等比较相似，其产品和定价主要面向中型和大型的 B 端电商用户。

此外，不少视觉设计师也在自媒体中提出"基于不同 AI 工具、软件组合的全新电商设计路径"，例如先用 Midjourney 生成商品渲染图及背景图，然后使用自身熟练度较高的 Photoshop 进行图层融合，最后使用 Illustrator 进行排版设计等。我们相信工具的本质是产出有效结果，视觉设计从业者在未来可以遵循自身的使用习惯，利用不同 AI 工具组合出符合自身设计特点的工作路径。

不可否认的是，AI 绘画的工具及产品将在未来广泛应用于整个电商设计行业，并为相关设计从业者、和企业品牌方提供更为高效、多样的设计创意手段。那么，目前的 AI 绘画究竟在真实的电商设计中具体解决了哪些问题呢？

二、AI 绘画在电商设计中的具体应用创新

  以往电商设计生产流程主要依靠人力处理，根据产品、宣传目标、受众和传播渠道等因素，以及对市场竞争和目标用户需求痛点的分析，进行头脑风暴，确定设计方案、主题、色彩搭配、元素、图片、字体等，并展现在主页、商品列表、详情页、营销页面等关键页面上，效果图具体包括设计风格、页面布局、色彩搭配、图片素材及交互效果等。在进行商品售卖前，还需要进行文案语料和设计风格等方面的前期策划，对商品实物进行拍摄或渲染效果图，并进行各类商品的平面推广设计，如商品主图、banner（在电商设计中指网站页面的横幅广告）、商品详情页、直通车、分类页、多角度商品展示等。为了深度了解 AI 绘画在电商设计不同环节中的应用机会点，我们初步梳理了电商设计的传统工作流程。如下图所示：

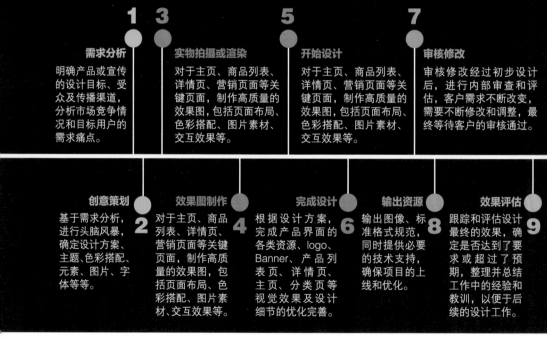

1 需求分析
明确产品或宣传的设计目标、受众及传播渠道，分析市场竞争情况和目标用户的需求痛点。

3 实物拍摄或渲染
对于主页、商品列表、详情页、营销页面等关键页面，制作高质量的效果图，包括页面布局、色彩搭配、图片素材、交互效果等。

5 开始设计
对于主页、商品列表、详情页、营销页面等关键页面，制作高质量的效果图，包括页面布局、色彩搭配、图片素材、交互效果等。

7 审核修改
审核修改经过初步设计后，进行内部审查和评估，客户需求不断改变，需要不断修改和调整，最终等待客户的审核通过。

创意策划 2
基于需求分析，进行头脑风暴，确定设计方案、主题、色彩搭配、元素、图片、字体等等。

效果图制作 4
对于主页、商品列表、详情页、营销页面等关键页面，制作高质量的效果图，包括页面布局、色彩搭配、图片素材、交互效果等。

完成设计 6
根据设计方案，完成产品界面的各类资源、logo、Banner、产品列表页、详情页、主页、分类页等视觉效果及设计细节的优化完善。

输出资源 8
输出图像、标准格式规范，同时提供必要的技术支持，确保项目的上线和优化。

效果评估 9
跟踪和评估设计最终的效果，确定是否达到了要求或超过了预期，整理并总结工作中的经验和教训，以便于后续的设计工作。

▲ 图 4-4　传统电商视觉设计生产流程

目前业界主流的电商设计是一套系统的、衔接严密的工作机制。从早期的基于选品的需求分析、创意策划，到中期的商品拍摄、商品图制作，再到后期的审核修改及测试跑量，每一个环节都形成了一套完善的工作范式。部分销售多品类的电商公司一般会采用外包"代运营设计服务公司"来支持以上的设计环节，一些大品牌的电商渠道则会使用自己的设计师团队来确保品牌调性及设计品质的可控性。然而，随着 AI 绘画介入，传统电商设计的整体工作链路将会面临重新洗牌，低成本、大批量、高品质、多样化的商品图、营销物料设计将会借助 AI 绘画的能力涌入市场，在实现为品牌方降本增效的同时，为用户带来全新的商品视觉体验。

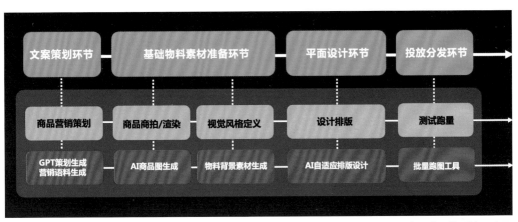

▲ 图 4-5　AI 绘画介入电商设计领域工作系统示意图

1. AI 辅助选品选图

为了更加智能化地进行选品，AI 绘画成为必不可少的手段。其中，AI 的智能识别和图像标签化工作可以大幅减少人力的使用，方便设计师和运营进行选图选品。利用 AI 绘画，电商平台可以自动形成大量有标签的商品库，为下一步选品和推荐提供了重要基础。此外，电商平台可以收集用户提供的个性化需求和偏好，运用 AI 绘画工具快速对商品进行筛选，通过对大量历史数据、消费者行为、商品特征等因素的分析，实现精准的商品推荐。所以，AI 绘画在电商平台上的应用，可以大幅度提升电商平台选品和选图的效率和准确性。同时，它也为商家提供了更多的数据支持，可以帮助商家更好地了解市场需求和消费者不同维度的需求，从而优化自身的产品线，提高商家的竞争力和市场地位。

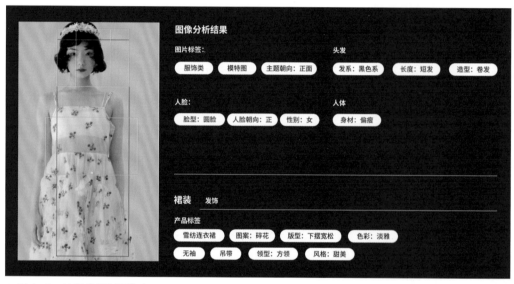

▲ 图 4-6　AI 智能识别标签库

2. AI 绘画赋能商品图生成

不知道大家有没有发现，平时逛淘宝、京东等购物 App 时，在同一商品品类中，我们总会不经意地点击符合我们审美认知的商品图，虽然可能它们起初并不是我们首要的商品选择。在这里，起决定性因素的是"商品营销图"背后的设计力量。高质量的商品图一方面可以让消费者更直观地了解产品的细节，另一方面可以很好地营销产品的品牌形象，建立用户与品牌视觉之间的认知链接，从而无形中影响消费者的判断，以便提高其购买意愿。

在上文提到的传统电商设计的复杂流程中，商品的拍摄或渲染是其中耗费时间及金钱成本最高的环节之一。通常而言，完成一套成熟且可交付的商品套图，需要经过场景搭建、内/外景拍摄、模特/商品拍摄、建模、后期修图等过程，且在内/外景拍摄时，需要搭建各类场景并进行调度。大家可能会问，这个环节可以简化吗？相信电商从业者都不会答应。因为除了商品本身以外，道具、背景及氛围是构成营造品牌调性及差异性的重要因素，这在电商行业竞争日益激烈的情况下是有效的竞争手段。在完成初步拍摄后，初始拍摄样片仍然不能直接使用，还需要经过专业图像软件多次的后期处理。此外，由于拍摄过程中选取的机位、商品角度都是固定的，如果后期还希望增加商品不同的视角展示，二次拍摄则大概是唯一的途径。这无疑对需要经常更新的营销物料而言是较大的限制。

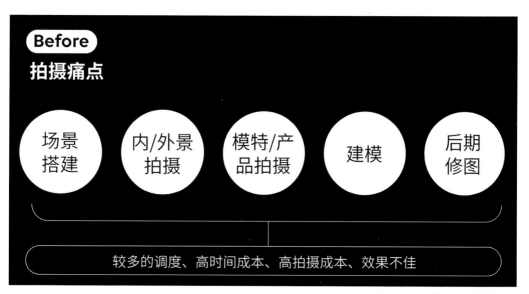

▲ 图4-7 传统商品图制作痛点

而 AI 绘画在该环节的介入可以很好替代传统商品拍摄，凭借其强大的融图功能，AI 绘画一方面持续生产大量高品质商品背景素材及创意元素，另一方面基于商品的营销氛围需求，可以与原始商品快速融合生成新的商业级商品效果图。在操作过程中，只需要准备一张商品原始图，输入意向场景的"提示词"，就可以批量化产出高品质结果，如下图：

▲ 图 4-8　基于文本描述生成商品图

　　如果用户对于商品的氛围场景没有好的想法，我们可以通过定向场景库进行自主风格选择并直接融合生成，如下图。此外，如果用户觉得文字描述的可控性较差，我们同样可以基于简单的绘制集合图形来控制背景构图，最大限度满足用户对于商品图生成结果的可控性。

　　AI 绘画由于背后大模型千亿级的参数量，能够从海量的样本素材中深度学习，可以较好地根据该商品的品牌调性生成与之相匹配的道具、背景及氛围图片，并基于环境光、色彩和风格调性等维度对商品原图进

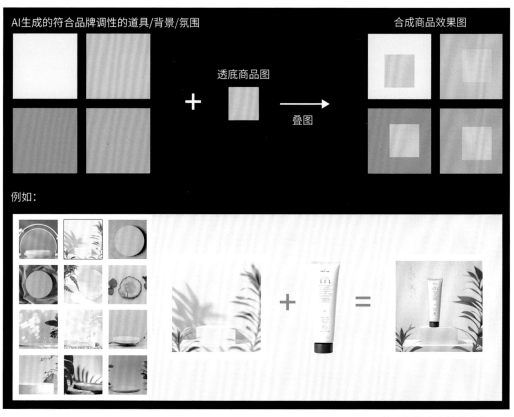

AI生成的符合品牌调性的道具/背景/氛围 ⟶ 合成商品效果图

透底商品图

➕

叠图

例如：

➕ ＝

▲ 图4-9　基于场景库直接生成商品图

行自动化调整，最终形成整体和谐且逼真的商品效果图。该设计模式同时可以协助电商品牌构建体系化、标准化的品牌调性，从而加强品牌视觉传播的效力。可以说，在商品设计环节，AI绘画这套轻量化的生产流程可以替代几乎拍摄过程中的所有环节。

读者们可能会有疑惑，如果商品摄影的成本较高，为什么我们不能使用商品原始模型，直接进行效果图级别的渲染呢？这样棚拍、置景等费用就都省去了，同时商品的展示机位、角度也不再受物理空间的限制，并可在全程基于数字化软件完成。无法这样做的原因很简单：由于高品质的三维渲染对于商品模型的精细化程度、渲染技术、审美等有着极高的要求，完成一套高质量的商业级商品渲染效果图的成本，不亚于一次专业棚拍，其花费的时间、金钱成本与棚拍相比有过之而无不及。因此，在 AI 绘画技术面世以前，商品实拍仍然是目前商品图制作环节中主流的方式。

为了可以轻量化、全流程地完成产品的高品质渲染，浙江大学团队成立的初创公司"造物云"于 2022 年 8 月推出了"造物云产品渲染引擎"，主打基于商品模型的自动化生成产品渲染图。在原有 3D 渲染产品的基础上，造物云此前发布了 AIGC+3D 融合的高质量商品图、视频、文案的创作产品，帮助品牌、电商和设计公司低成本、高质量地创作海量商品营销内容。

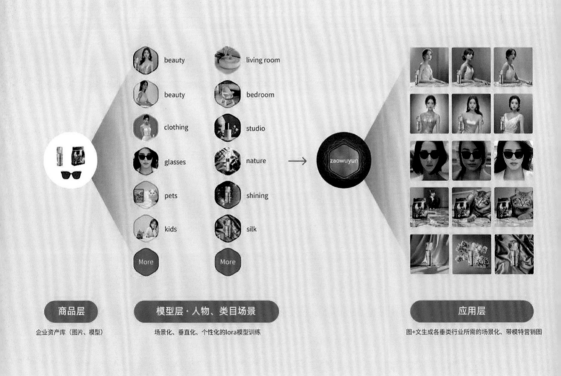

▲ 图 4-10　造物云 AIGC+3D 产品布局

以更换饮料商品背景图为案例，Nolibox 使用图像分割技术，将汽水瓶从图像中分离出来。利用 AI 实现多场景的空镜搭建，再使用 AI 绘画的融图功能，将新的背景添加到汽水瓶图像中，实现跨场景的针对性专属品牌打造。

　　同样，AI 绘画在餐饮领域中的表现也很出色，将餐饮中的食物从图像中分离出来，利用 AI 对食物调性、品类的分析，完成符合其品牌调性的氛围场景搭建，再使用 AI 绘画的图像合成技术，将新的背景添加到食物图像中，营造专属品牌氛围调性。

▲ 图 4-11　利用 AI 绘画打造专属品牌

▲ 图 4-12 利用 AI 绘画生成餐品效果图

3. AI 辅助生成商品营销语料及文案

AI 能够通过输入提示词和商品营销语料等信息，为商家提供符合其商品调性和卖点的营销文案，从而提高广告推广的效果并促进内容营销。该技术的应用可以减少营销人员的工作量，节省更多时间和劳动力成本，提高文案的效率和准确性，保证文案的品质。此外，AI 绘画还能够根据

▲ 图 4-13 AI 辅助生成的商品营销语料及文案

商品的不同特点和属性，为商家提供最具吸引力和影响力的图片和文案搭配，这种视觉和语言上的协同合作有效优化了电商设计中的创意策划及文案选写环节。

4. AI 生成营销视觉物料（海报设计）

根据商品描述（自然语言）一键生成营销海报

通过商品名称、物品和主题等自然语言描述，生成多种视觉广告物料，包括商品图片、海报、视频和文字，以及跨平台、跨媒介的应用延展。这些物料可以自适应地识别不同产品市场的特性和趋势，并生成符合品牌调性和目标受众的广告素材，通过与广告投放平台或电商平台的数据对接和实时优化，为商家实现更加精准的营销宣传，提高营销效率和准确性。

根据商品主图（图片）一键生成营销海报

通过商品、物品以及主视觉的图片输入，对这些元素进行准确的识别和定位，在知识库的基础上，生成高品质的推广、运营和营销视觉物料，并且精确地将每种商品的类型和样式与对应的风格进行匹配，不仅仅是视觉上的匹配，还包括文案描述的匹配性。

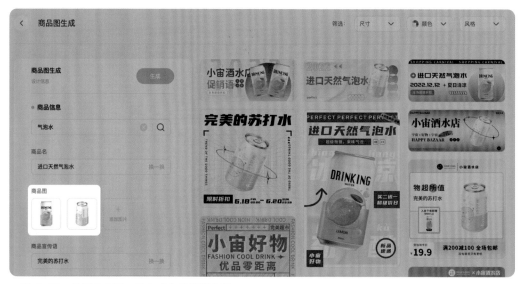

▲ 图4-15 基于商品图一键生成商品营销物料

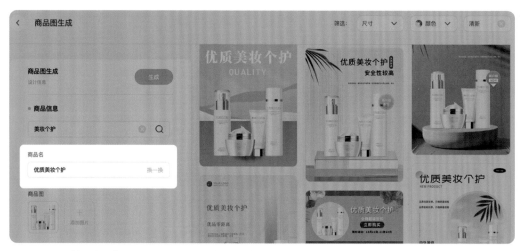

▲ 图4-16 基于商品提示词一键生成商品营销物料

以上两种生成路径不仅是简单地使用 AI 绘画中文生图（Text2Image）以及图生图（Image2Image）技术，而是涵盖了多方面的大量面向设计排版的设计知识图谱及数据集，同时运用了约束优化算法和排版设计生成算法，形成了多技术耦合的智能海报设计生成路径。

5. AI 自适应排版设计：多尺寸物料延展

自适应排版最早是源自数字产品的界面设计，由于硬件产品逐渐从电脑端转移到手机、平板、电视等多终端媒介，因此，只适配单一数字终端的界面设计体系需要迎来改变。典型的如亚马逊，早年间就充分运用自适应排版技术，根据用户的设备自动适配布局和颜色。它不仅可以让网页在不同尺寸的屏幕上风格一致，而且还能够基于内容进行智能排版，快速响应用户需求。很多互联网产品公司都高度重视用户体验和移动设备适配。

UI 的设计相对结构化，可以很好地通过规则对于视觉元素的布局进行归纳。但由于商品品类、风格属性及受众人群的多样性，电商营销物料的设计表达可谓是五花八门。营销物料的排版设计是电商设计的最终阶段，其产出结果将与用户实现最终的交互。商品海报、Banner、主图直通车、商品详情页和 H5 等类型是各类电商平台上最为主流的展示类型，一般包含商品的图片展示、功能介绍、价格等关键信息。传统的设计方式需要电商设计师根据策划团队产出的文案策划内容和摄影团队产出的商品图片等信息，进行视觉风格定义，并手动进行排版、调整图片大小和位置、选择字体和颜色等元素，最终方案需要与需求方多次磨合定稿，周期长达 1~2 周时间。

幸运的是，我们通过多年的研发积累，构建了基于约束优化算法、排版设计生成算法、设计知识图谱等技术初步实现图片、图形和不同层级文本的基础组合的创新路径，可直接生成符合设计规范和美学原则的视觉设计排版方案，在 AI 绘画可产出高品质创意视觉的基础上，省去了大量手动设计排版的时间和成本，同时还实现多样化视觉元素的有机组合及跨版式的设计信息迁移，使得设计方案具有更好的一致性和可扩展性。除此之外，我们还可以根据不同的传播渠道、媒介进行符合其尺寸的内容延展，为实现电商投放平台的个性化营销提供初步技术基础。更快速、更高效的设计排版方案将有助于客户实现更好的电商投放效果和更高的转化率。

▲ 图 4-17　AI 辅助商品营销物料自适应延展设计

三、AI 绘画在电商领域的发展展望

1. 基于用户审美倾向的"千人千面"实时视觉设计生成

　　未来的 AI 绘画将为电商提供终极的视觉设计模式，能够实时生成符

合用户审美倾向的视觉设计，并结合不同数字终端、推荐算法为消费者构建个性化的购物体系。电商平台的商品推荐功能众所周知，然而，目前推荐的商品仅停留在商品的层面。不同的人在不同的终端仅仅看到同一个商品相同的海报、宣传视觉图，这并不是因为"用户画像"或"用户审美"的数据缺失，而是受制于两个核心因素，其一是传统的算力问题，其二则是人类设计师无法为每个商品都快速创建符合不同审美倾向的多样化视觉设计方案，比如为1000个消费者呈现1000个不同的设计方案。然而，基于AI绘画的底层大模型及算力的优化，这两个问题将很快被攻克。

▲ 图 4-18　基于 AI 的"千人千面"实时营销物料设计生成

AI绘画不仅能够通过深入分析不同受众群体的行为、偏好、消费习惯等数据，为品牌方制作更符合受众喜好的广告素材，满足品牌对不同人群的营销需求。此外，AI绘画还能够有效识别和利用受众群体的心理特征和情感倾向，从而打造具有情感共鸣的广告创意，实现与消费者的

有效互动，提高他们对广告的参与度和信任度，进而提高品牌忠诚度和
转化率。

▲ 图 4-19　AI 赋能下的未来视觉设计模式进化

在万物互联的背景下，大家身边的物理空间媒介都能成为数字信息
的传播载体，那么依据用户的喜好数据，直接实时生成符合其审美倾向
的电商营销视觉对于品牌而言是一个必然的趋势，推特（Twitter）已经
着手结合 AIGC 技术及自身的海量用户数据启动了该计划的研发。可以
预见的是，如果没有做好数据隐私的保护，知名科幻英剧《黑镜》圣诞
特别篇中的贯穿物理空间及数字空间精准营销的视觉广告很可能成为大
家"无孔不入的噩梦"。

第 2 节 / 游戏设计领域

一、AI 绘画在游戏设计领域的应用现状

游戏行业向来是十分"内卷",其更新迭代的速度令人惊叹,新兴技术的突破、应用总是伴随着人们对于更加极致的虚拟娱乐的追求。尤其在生成式 AI 进入快车道的 2023 年,对于从业者而言,游戏行业进入了一个有关"生产方式革新"的"内卷新阶段"。在这场没有硝烟的竞争中,每家公司都蓄势待发,试图抢占"业内第一个搭建面向游戏行业的 AI 绘画辅助设计工作流"的先机。AI 绘画等新技术的出现,推动了游戏行业从产业结构到生产方式的变革。

传统游戏制作存在"质量、速度、成本"中只能兼顾两个的"不可能三角",在保证游戏质量的前提下,游戏开发团队势必会面临高昂的制作成本和冗长的制作时间这两个选择。在以往的游戏市场中,消费者已经默许了优质 3A 大作的长开发时间,但随着近年来手游市场的扩大,原本成本可控且开发时间较短的手游也开始向着媲美 3A 大作的游戏质量"内卷",既要保证低成本、快响应,又要追求高质量,这似乎是一

项不可能完成的任务。随着以 AI 绘画为代表的 AIGC 技术的推广和应用，游戏行业的"不可能三角"似乎有了被打破的可能。

游戏制作是一个复杂且成熟的工业流程，涉及文本、图像、音效、音乐、动画等多种内容形式。对于游戏公司而言，AIGC 技术可以针对研发流程中耗费人力成本和时间成本较多的环节进行优化，大幅提高研发效率。据了解，国内外多家主流游戏公司已要求特定部门、团队必须尽快掌握目前主流的 AIGC 相关工具，围绕游戏设计的策划、美术及运营内容输出进行全流程尝试，并把该项任务和员工的年终绩效挂钩。这无疑反映出游戏行业对于未来趋势变化的敏感性，同时也体现了游戏公司"降本增效"的迫切性。

目前，国内外多家公司布局游戏领域的生成式 AI，包括海外的动视暴雪、EA，国内的腾讯、网易、小冰游戏工作室等综合型 AI 游戏工作室。2017 年网易互娱 AI Lab 成立，专注于游戏领域的人工智能实验室，致力于计算机视觉、自然语言处理和游戏 AI 等游戏场景下的 AI 相关应用落地研究，旨在通过 AI 技术助力网易互娱旗下热门游戏及产品的技术升级，目前技术成果已应用于《梦幻西游》《一梦江湖》和《第五人格》等多款热门游戏。目前，网易互娱 AI Lab 已经实现生成式 AI 辅助原画线稿上色、基于人脸线稿生成图像并编辑，且可以通过人脸图像生成人头的3D 模型，批量为游戏生成人头模型。

腾讯游戏自研的一站式角色动画管线工具集 Superman，搭建了从游戏上游角色 DCC 数据生产流程到引擎实现的通用链路，适合各类高精度角色项目开发，能够帮助美术师在虚拟角色的五官刻画、情绪、口型、肢体这几个维度上实现标准化设定，支持角色绑定、角色定制、动画表情、动画语音驱动、动画动捕支持等功能，助力游戏业务提升研发效能。

此前，一篇国外的论文《生成式智能体：人类行为的交互式模拟》（Generative Agents: Interactive Simulacra of Human Behavior）介绍了一种"生

成式智能体"的技术，演示了一个完全由 AI 生成并控制的 25 个智能体在虚拟小镇"生活"的沙盒世界，智能体可以像一个完全由玩家操控的角色一样，与其他角色交流、互动，并根据实时发生的角色、环境交互事件对自己的行动或话语进行动态调整；随着沙盒世界中时间的变化，智能体的行为随着彼此间的交互以及与世界的互动、自身建立的记忆等逐渐改变。

当 AIGC 能突破游戏开发过程中的一些专业壁垒，承担相当一部分开发重任，游戏制作的门槛也能大幅降低，微型游戏制作团队甚至是个人开发者即将成为常态。产能和成本对游戏创意的钳制将被突破，游戏开发人员可以更多地将开发重点聚焦于游戏的核心玩法和创新研究上，有利于推动游戏创新，并带来市场格局的变化。

二、AI 绘画在游戏设计中的具体应用创新

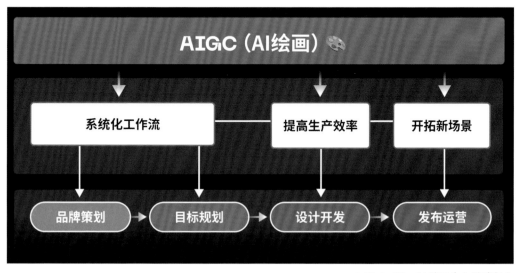

▲ 图 4-20 AI 绘画介入游戏行业

1.产品立项及目标规划阶段：游戏设计知识图谱助力构建系统化工作流

游戏制作流程较为复杂，一般可分为产品立项、目标规划、设计开发和发布运营4个环节，制作周期一般以年为单位，制作流程的复杂程度和时间成本远超娱乐媒体领域的其他内容。产品立项更多与商务相关，从目标规划环节起，就有许多AI可介入改善的机会点。首先，基于AI强大的学习和分析能力，可以借助AI将许多游戏行业的知识点集合起来，构建一套囊括游戏设计全流程相关知识的游戏概念设计知识系统，帮助各游戏公司建立标准化的工作流和相关素材库。对于快速迭代的游戏行业来说，试验成本大幅度降低，配合一定的精准投放，更有利于新游戏的跑量测试和快速验证。

▲ 图 4-21 AI 赋能的游戏设计知识图谱

2.设计开发阶段：大幅提高生产效率

在游戏制作全流程中，设计开发环节决定了规划的落地程度，极大程度上影响游戏质量以及玩家体验，是最为关键的一环。对于游戏开发者而言，AI 绘画就像是通往创作者所构想世界的一条捷径，可以帮助他们更快速、更高效地完成游戏角色和场景的设计，也能提供一些意料之外的设计思路启发，并迅速将之进行视觉化呈现，便于创作者反复对作品进行推敲和雕琢，创造更优秀的游戏作品。

游戏场景生成

在游戏设计开发环节中，最为耗费时间和精力的往往是游戏角色和场景的设计。游戏画面的精致程度和逼真程度，往往能够决定游戏的质量和受众的反响。然而，目前大多数游戏设计团队普遍存在人力不足的问题，导致游戏开发周期延长，甚至出现设计不符合玩家审美的情况，AI 绘画的出现一定程度上解决了这一行业"沉疴"。AI 绘画技术可以加速游戏场景的设计，当你想设计一个特定场景游戏关卡时，只需要简单的几个词汇便可生成多张效果图，这样的生产方式可以在前期概念设计阶段帮助设计师节省大量时间，下面放几张图片让大家感受一下：

关键词
教堂、游戏场景、CG、室内光影效果、写实风、高饱和度

▲ 图 4-22　基于 AI 绘画文生图功能的游戏场景效果展示

当概念设计的方向基本确定后，还可以通过大量的相似生成不断细化和优化场景，以及提升游戏画面的逼真程度。

▲ 图 4-23　场景生成 1

▲ 图4-25　AI绘画生成各种类型游戏场景效果图展示

　　在需要追求高质量、高精度画面的3A游戏场景概念设计之外，AI绘画在一些以场景为主的横版游戏或者手游的设计中也大有可为，例如对于需要连续性横版长图场景的游戏，可以用图像外延（Outpainting）的方式快速生成一个可以无限连续的场景。

▲ 图4-26　图像外延功能

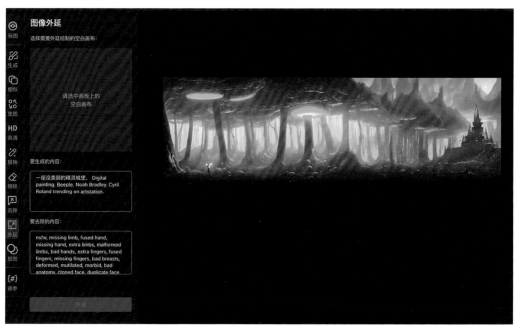

▲ 图 4-27 AI 绘画生成无限连续场景 1

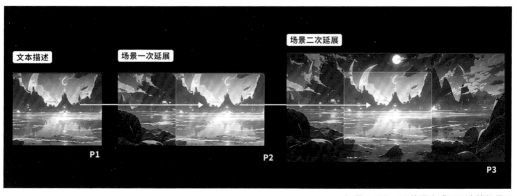

▲ 图 4-28 AI 绘画生成无限连续场景 2

游戏角色生成

在游戏角色设计的概念设计阶段，创作者需要通过多次的草稿推敲才能确定一个角色的概念效果，在某一角色风格确定后，其余角色的设计也需以该角色为基准进行设计。在此类设计场景中，AI 绘图可以通过一些特殊的咒语技巧生成一系列不同年龄、着装和风格的角色形象，以减少创作者的工作量，提高工作效率。

▲ 图 4-29　利用 AI 绘画生成某游戏早期角色概念设计

▲图 4-30　Nolibox 画宇宙基于 FunPlus 游戏《阿瓦隆之王》的主要角色形象扩展

在角色设计中，除了一些高成本的主要角色形象以外，还需要大量的 NPC（Non-Player Character，非玩家角色）角色设计，这些设计往往需要耗费很多的精力，但是投入产出比不高，因此在一些以图片为主的手游或者网页游戏开发中，AI 生成的方式可以节省很多设计开发成本。除了直接的文本生成，AI 绘画还可以做些很有意思的角色设计，以下图为例：

▲ 图 4-31　创意游戏角色设计

游戏视觉元素及 UI 交互设计

交互界面是体现游戏视觉风格、内容主题的重要界面，直接影响着游戏的用户体验和用户参与度。在交互设计过程中，AI 绘画可以基于游戏已有的角色设计、场景设计等内容进行美学评估和风格分析，结合当前游戏的风格特征和视觉元素生成新的交互界面内容，以提高游戏生产效率和游戏整体视觉效果的统一性。

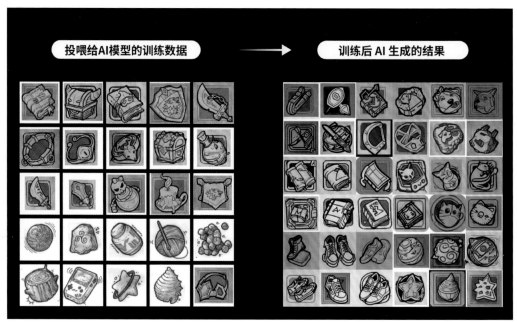

▲ 图 4-32　Nolibox 画宇宙游戏图标设计

游戏玩法创新

　　游戏美术的质量是吸引用户的重要因素之一，但富有吸引力的玩法才是一款游戏赖以生存的核心竞争力。AI 绘图技术作为一种快响应、趣味性的交互方式，可以为游戏玩法的创新设计带来新的可能性。如当下游戏市场中的热门类别——二次元卡牌游戏，美观、独特、不可复制的卡面是此类游戏受众的主要诉求，AI 绘图能给此类游戏提供一种玩法创新的思路，即玩家可使用系统生成自己喜欢的二次元卡面并上传到游戏卡池中，还可以与其他玩家制作的角色进行融合，生成兼具二者特征的新卡面（例如由 WaifuLabs 团队制作的全 AI 绘图游戏 Arrowmancer）。从这一角度看，AIGC 可以提供沉浸式的、千人千面的游戏体验。此外，当前涉及与用户互动反馈的游戏元素，除了玩家间的实时交互，其余多按照固定的模式或者路径进行推演。如果使用稳定的 AIGC 技术，将某游戏的信息输入给模型作为上下文，以文本为主线索设置支线剧情，构建开放式的游戏体验，并基于玩家选择的剧情实时生成个性化的交互界面、游戏场景甚至动画内容，那这款游戏可能非常贴合不同用户的需求和喜好，不同的人在玩这款游戏时的体验都是独一无二的，无论是留存还是付费数据，都会有所提升。

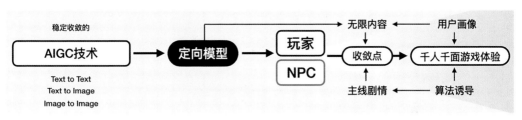

▲ 图 4-33　AIGC 技术构建开放式游戏体验
（资料来源：Nolibox）

3. 游戏运营阶段：开拓新营销场景

品牌联动

　　即使在游戏推出后的运营阶段，AI 绘画技术也能起到不小的助力。以当下游戏运营阶段常见的 IP 联动和主题活动为例。在 IP 联动中，将代表联动 IP 的元素与原游戏的画面融合，呈现出兼具二者风格特征，且能被双方目标客群所接受和认可的画面是游戏 IP 联动活动的核心需求。为了提高创作效率和质量，可以使用 AI 绘画技术作为画面创意的方向参考和基础画面绘制工具。在联动品牌之间差异性越来越大的市场趋势下，AI 绘画或能在一定程度上打破设计师的某些思维定式，生成既巧妙又出人意料的创意内容。

游戏元素二创

　　在游戏独立的主题活动中，可以将已有的游戏内容（人物形象、游戏背景、整体视觉风格等）作为 AI 算法的上下文，让 AI 自动生成与活动主题匹配的新地图、场景、人物，或者让人物和人物产生一些新的联动以及响应时事热点的图文效果。下图为 Nolibox 画宇宙基于 FunPlus 游戏《阿瓦隆之王》的角色二创生成效果。

* 由 Nolibox 图宇宙自动设计生成

* 由 Nolibox 画宇宙为《阿瓦隆之王》定向训练生成的新皮肤/新战甲—中国龙战甲

同一人物角色自动更换服装配饰　　　　同一人物角色自动更换年龄　　　　换服饰+更改年龄

* 由 Nolibox 画宇宙为《阿瓦隆之王》训练的定向模型生成效果

▲ 图 4-34　游戏角色的不同主题二创

活动运营新场景

AI 绘画技术响应快、质量高、强交互，或许可以满足游戏行业极强实时交互性的需求，成为新的游戏消费场景出现的催化剂。例如，嵌入了可交互 AI 绘画模块的游戏与元宇宙、NFT 等概念碰撞，或许能推出基于元宇宙的限定活动场景或 NFT 限定游戏周边，一定程度上也迎合了当下跨平台游戏的热潮，为用户提供更独特的游戏体验和消费体验。

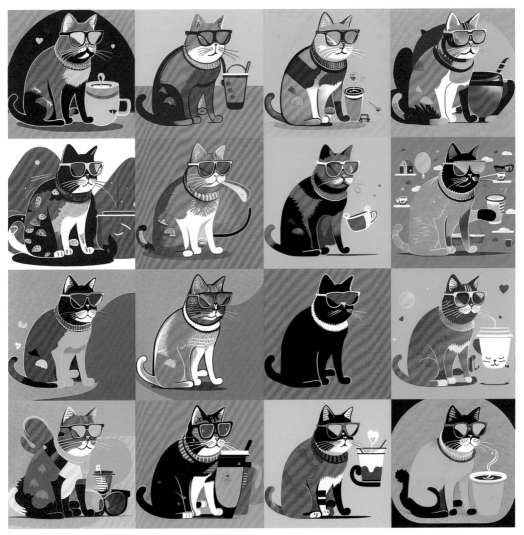

▲ 图 4-35　潮流运营场景：生成 NFT 戴墨镜的猫在喝咖啡

第 3 节 / 工业设计领域

一、AI 绘画在工业设计领域的现状

AI 绘画作为工业设计领域的新生力量，已经引起了学术界、产业界的广泛关注和应用。随着企业级工业设计需求的日益复杂，一些较为关注前沿设计趋势的企业、研发机构已经开始将 AI 绘画等 AIGC 技术应用到工业设计创意流程中。这些企业意识到采用 AI 技术能够提高产品的设计效率，提升产品质量和创新力，同时还能缩短设计链路，节约人力成本。AI 绘画技术可以在工业设计的多个阶段发挥其优势，例如，辅助设计流程，从而加速产品研发，优化设计效果，加速产品和市场验证，提升产品竞争力。

我国其实在面向工业设计领域的计算机辅助设计软件的研发上一直投入了巨大精力，例如清华大学先后承担国家 973 课题"现代设计大型应用软件的可信性研究"、国家 863 课题"三维 CAD 关键技术与核心系统研发"；浙江大学先后承担 863 计划"面向产品创新的计算机辅助概念设计技术的研究"、国家 973 课题"面向产品创新开发的虚拟设计平

台"等该领域核心技术研究，这些都是计算机辅助技术与工业设计融合发展的重要科研基础。另外，包括西北工业大学、北京大学、同济大学、浙江理工大学、中国科学院自动化所等在内的国内知名高校和科研机构，也都在计算机辅助工业设计的关联领域持续进行科研探索，其中涉及产品数据的可视化、工业软件的人机交互形式、机器学习下的概念创新设计方法等多个方向，并且在研究成果推广和产学研用方面也取得了一定的成果。总的来说，我国在面向工业设计领域的计算机辅助设计系统方面正在不断加大投入和研究力度，以推动工业设计与人工智能等前沿技术的融合进化，促进我国制造业的高质量发展。

▲ 图 4-36　国内外学术界在计算机辅助工业设计技术研究现状

除了上述工业设计领域的计算机辅助设计系统相关技术的进展，目前已有一些 AI 绘画应用软件，直接或间接地作用于工业设计领域，例如 Vizcom、Fabrie、Nolibox 等。其中，Vizcom 提供了基于 AI 绘画的设计草图快速渲染能力，辅助设计师将原型设计可视化实现。Fabrie 支持基于用户的选择和输入，利用 AI 绘画技术，生成相关设计稿，可辅助设计师完成产品概念图的设计过程。Nolibox 画宇宙聚焦于为 B 端工业设计企业提供完整的 AI 绘画辅助设计系统，提供 AI 绘画行业模型、操作工具等一系列产品和技术服务。

上文大致介绍了学术界、产业界的 AI 绘画在辅助设计应用方面的现状，那么，AI 绘画在工业设计的概念设计环节具体是如何应用的呢？

二、AI 绘画在工业设计工作环节中的具体应用

如果想最大限度挖掘 AI 绘画在工业设计领域的应用潜力，首先要做的是深度拆解工业设计的工作流程。这里就不得不提到大名鼎鼎的"双钻"设计模型（Double Diamond Design Process Model），该模型由英国设计委员会（British Design Council）于 2004 年创立，经过多年的发展和优化，如今已经成为产品设计领域内广泛应用的方法论。双钻设计模型采用了四个阶段来描述设计过程：探索期——发现、定义期——定义、发展期——开发和交付期——交付。这四个阶段由两个钻石形状图形相互连接组成，代表了设计过程中问题和解决方案的发散和收敛。如果我们从具体工作流出发，可以把这个思维阶段归纳为：准备、发展、深入和生产等不同阶段。

概念设计环节作用在工业设计的发现和定义阶段，是利用设计思维，发现设计问题，确定和具体化设计理念，产生设计概念的过程。概念设计是工业设计的起点和核心，具备指导性和决策性。它的设计提案将直接关系到后续产品的开发、制造、营销以及用户的接受度，因此一个成功的概念设计将为整个工业设计流程打下坚实的基础。经过我们多个落地项目的实践并结合 AI 绘画现阶段技术发展趋势，我们一般认为最能发挥 AI 绘画优势的环节是工业设计流程中的概念设计阶段。

概念设计的前期是产品定义的阶段，设计师往往需要对市场调查及

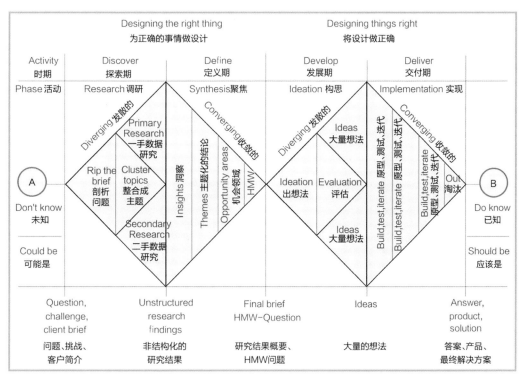

图4-37 产品创新设计双钻模型
（资料来源：英国设计委员会）

用户反馈数据进行分析，精确地进行产品定位。通过海量数据和消费者偏好分析，预测市场趋势，并对类别产品进行品类、属性、优缺点、使用场景、用户画像、市场环境，产品设计趋势等多维度的深入分析，并明确出科学的、更符合市场需求的趋势定位、设计方向及产品决策。在制造业产品创新中，创新性表现最为集中和突出的阶段是概念设计阶段，概念设计决定了所设计产品70%以上的成本和性能。

　　设计师可以在已决策的设计方向基础上，在进行视觉化展示（出图）的环节，使用AI绘画为创意阶段提供新的灵感。AI绘画可以帮助设计师创造全新的设计概念，为工业设计提供更具个性化和原创性的设计方案，从而推动工业设计的不断升级和发展。

工业设计师在概念设计出图的阶段一般会采用"先发散，再收敛"的方法，在概念方向基础设定的基础上进行概念发散，产生多组创意，进行方案评价后再进行概念聚焦，将最符合设计理念的方案进行概念细化和修改，最终得到意向方案和草图。

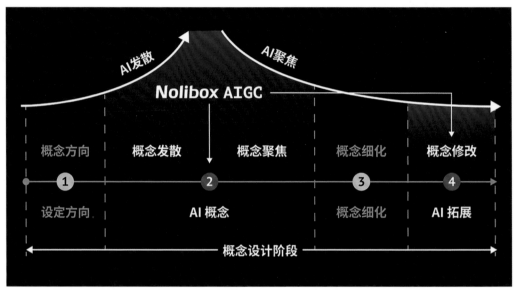

▲ 图 4-38　工业设计的概念设计阶段的 AIGC 作用域

在概念发散环节，AI 绘画可帮助设计师等业务人员提炼设计意向的元素特征，并通过关键词引导等方式，产出融合有指定特征的设计方案，从而辅助业务人员寻找并确定概念方向；同时，经过特定训练的 AIGC 大模型也可以掌握不同产品线的设计风格和品牌调性，AI 可以自由发散设计思路，自动产出符合品牌定位的产品设计方案。

在概念聚焦环节，AI 绘画可以辅助业务人员对确认的概念方向进行进一步深化，AI 模型辅助探索指定方向方案的不同表现形式，并通过关键词引导等方式将细节特征融入意向方案。

基于上述使用原理，AI绘画在工业设计领域的解决方案可以被应用于创新平台设计、全新产品设计、产品升级设计、型号拓展设计等环节，可以涵盖设计新品、大改款升级、产品外观焕新升级、小改款定制化等工业设计的业务场景。

1.产品概念图生成

基于文本描述来生成逼真的产品效果图是AI绘画必备基础功能之一。例如，在使用特定的工业设计大模型基础上，设计师可以通过输入对产品设计稿的画面描述、特征需求和其他参数，让AI绘画快速生成多种不同风格的产品意向图。这种基于文本生成的AI绘画不仅可以实现更快的设计表达与呈现，而且也可以帮助设计师更好地抓住用户需求，提高产品的符合度。此外，设计师可以通过输入与产品有关的文化、历史、趋势等关键词，让AI绘画自动加入早期概念设计中，从而实现更具创造力和想象力的产品设计方案，帮助设计师更好地创新和创造。

在传统的工业产品草图绘制中，设计师需要花费相当长的时间和精力来创造不同的设计元素和风格，而AI绘画可以在风格定义阶段生成多重质感和不同风格的产品设计，通过算法自动创造大量的设计元素和图案，从而扩展设计师的创意和设计选择。这些设计元素可以进行多次组合和修改，以便在不同的产品设计场景中使用。例如，对于家具设计，可以通过AI绘画自动生成实木、金属、玻璃等多重质感的设计元素，并按照现代、古典、简约等风格进行分类。这些设计元素可以快速高效地应用到家具设计中，从而满足不同消费群体的需求。

▲ 图 4-39 AI 生成多重质感风格的产品设计
（资料来源：Nolibox 画宇宙）

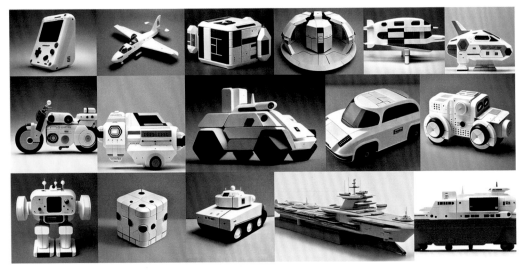

▲ 图 4-40 AI 绘画生成多重质感和不同风格的产品设计
（资料来源：Nolibox 画宇宙）

2. 概念融合设计创新

AI 绘画在工业设计领域中的应用非常独特，它的特殊之处在于可以将毫不相关的元素融合在一起，并将其以超乎预期的惊艳逼真的三维产品图像呈现在你眼前。简单来说，AI绘画可以用简单的"提示词"来完成物体和某一艺术家的创意和风格的巧妙融合，例如输入"安东尼·高迪风格，吹风机产品/咖啡机/面包机、4K、GC图"等提示词，便可产生如下图的概念融合产品设计结果。这种融合形态理论上是无穷无尽的，它无形中开辟了一种进行人类创意思维和AI能力创新协同的路程，构建了一个人机协同的产品设计创意机制。同时，这种方式将会推动"基于用户需求"产品得发展及快速普及，并对消费产品的未来的商业模式产生颠覆式影响。

▲ 图4-41　使用AI绘画生成高迪艺术风格的产品设计流程图

上图是爱尔兰视觉艺术家马库斯·伯恩（Marcus Byrne）使用AI演算绘图工具Midjourney，以建筑大师安东尼·高迪（Antoni Gaudi）的建筑美学风格为参考创造的名为"安东尼·高迪风格的小家电是什么样的？"（What if Antoni Gaudi inspired the design of household appliances?）的

AI演算图像系列普通家电。产品设计中充满了模仿高迪精致及有机样态的建筑风格，重新构想日常用品的型式，运用二十世纪高迪设计中充满活力的多色建筑、瓷砖马赛克和彩色玻璃等元素设计出令人相当惊艳的家电用品，而产品设计者只需要简单输入几个"提示词"。

由于目前AI绘画拥有通过"文本提示"来生成"匹配图像"的强大特点，我们从另一个角度可以认为：AI绘画可以通过分析和理解用户的需求和期望（提示词），迅速生成符合用户需求的优质设计（可控的设计结果）。这给予了使用者极大的自主创作权利，而人类的优势在于天马行空的想象力，

▲ 图 4-42 视觉艺术家 Marcus Byrne 使用 AI 绘画生成的产品设计
（资料来源：Marcus Byrne 个人网站，https://marcusbyrne.myportfolio.com/ai）

不过，值得关注的是，随着AI绘画的不断发展，用AI绘画生成艺术家、设计师风格的产品设计仍存在许多挑战和限制，并且仍然存在一定的局限性，例如在应用中需要考虑到不同国家、地区的文化语境及审美标准等因素，避免产生所谓的"文化歧视"或"审美侵犯"等道德问题。此外，

由于大量艺术家、设计师的风格被 AI 大规模学习，使用 AI 的用户产出该艺术家风格下的产品设计是否涉及知识产权和版权等法律的问题，目前业界还存在诸多争议。

3. 基于设计草图的 CMF 图片渲染

在 AI 绘画还未出现之前，"通过输入手绘草图，自动生成逼真的渲染图"一直是许多工业设计师的"梦想功能"。现如今，AI 绘画的"垫

▲ 图 4-43　草图转绘示意图

图生成"功能已经让工业设计师距离梦想更进了一步。该功能大大缩短了设计师从草图到成品的时间，但在草图转绘阶段，该功能仍存在一些缺陷。例如：由于该功能仅仅是基于模式识别技术生成的，导致生成的设计方案结构从视觉上看存在模糊和错误的地方；同时，由于缺乏人体工程学的考量，使得一些设计方案在实际使用中难以操作并令人赶到不舒适；此外，由于设计师无法

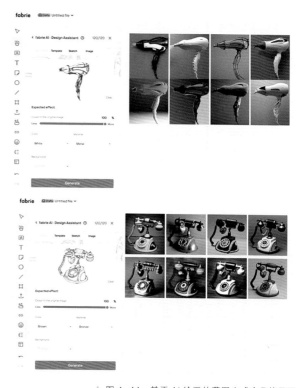

▲ 图 4-44　基于 AI 绘画的草图生成产品效果图
（资料来源：Fabrie.ai 生成）

手动地局部控制和编辑二维图像，导致细节上的问题无法得到解决。

　　AI绘画的快速处理和优化能力使得设计师可以更加专注于创意和创造力的发挥。此外，该功能还可以帮助设计师快速调整效果图中的参数，从而实现更加多样化的设计展示，在方案提案阶段为不同需求方提供更多方案参考及选择。例如，需求方可以自主选择不同的质感、颜色、纹理来实现草图方案的快速可视化，以便更好地了解方案成品的大致效果。

4. 设计方案局部细节微调

　　值得注意的是，方案细节的设计推演和迭代是概念设计阶段中后期极为重要的环节，这一环节不仅关乎最终设计形态和品质，而且是设计师投入时间最多的部分。通过我们的尝试，AI绘画中的Img2Img（图生图）和Inpainting（局部替换）可以较好地优化该环节的设计效率，并给设计师、工程师提供全新的协作模式。结合下图的"AI绘画辅助吹风机设计"案例，我们系统地梳理出以下工作流程及创新亮点：

　　首先，在概念设计阶段，设计师可以利用AI绘画模型生成大量多样化的设计方案，以满足不同的设计风格和需求。通过挑选符合设计大致方向的初步方案图片，设计师可以使用Img2Img（图生图）功能，对于选中的设计方案进行二次生成，快速锁定并聚类出满足用户需求和品牌定位的初步设计。

　　在完成初步概念设计方案后，我们将面临AI绘画生产工业产品存在的普遍问题，即初步生成方案中存在部分设计缺陷，或不满足概念设计需求的局部细节。如下图，初始方案中存在吹风机的手柄比例不协调，按钮位置不符合人体工学，收口角度不合理等明显设计缺陷，设计师可以利用Inpainting技术进行调整优化。同时对于更为主观的设计审美因素，Inpainting也可以较好地胜任，例如吹风机手柄、按钮、风口使用的颜色及材质都可以进行局部修改。这种方法能够在保持整体设计一致性的同时，提高设计师在产品细节上调整的效率，同时带来精细化设计的多样性启发。

最终，为了更好地整体对产品特点进行分析和评估，设计师还可以通过 Img2Img 和 Inpainting 对产品整体结构、颜色、材质等局部设计要素进行定向优化。例如生成具有覆盖不同材质、颜色或内部结构等特点的同一造型吹风机，以便工程师、设计师可以同时考虑商业市场接受度、生产复杂性、制作成本等问题。

三、AI 绘画赋能下的未来工业设计模式

在整个工业设计过程中，AI 绘画技术的应用程度和实际效果因阶段而异。以下是三个主要阶段中 AI 绘画技术的应用情况。

前期概念设计阶段：在这个阶段，AI 绘画的应用程度较高。得益于其强大的图像生成能力，AI 绘画能够快速为工业设计师提供大量多样化的产品草图和概念模型。这有助于设计师在初期阶段拓宽视野，激发创意，并为后续设计工作奠定基础。

中期深化设计阶段：在这个阶段，AI 绘画的应用程度相对较低。尽管 AI 绘画可以在一定程度上辅助设计师进行产品局部设计细节的修改，但由于其技术限制，仍然难以替代设计师的专业判断和经验。因此，在中期深化设计阶段，AI 绘画主要作为一个辅助工具，辅助设计师优化设计效率。

后期生产交付阶段：在这个阶段，AI 绘画的应用程度极低。由于当前 AI 绘画技术在可控性结构设计和 3D 模型设计方面的能力有限，它几乎无法在后期生产交付阶段为设计师和工程师提供实质性帮助。在这个

阶段，设计师和工程师需要依靠自己的专业知识和经验，确保产品设计满足质量标准，最终实现成功的商业化。

不过值得欣喜的是，在产品营销阶段，AI 绘画则又大放异彩，正如上文在电商设计展示的商品图设计案例，AI 绘画为诸多消费产品提供了

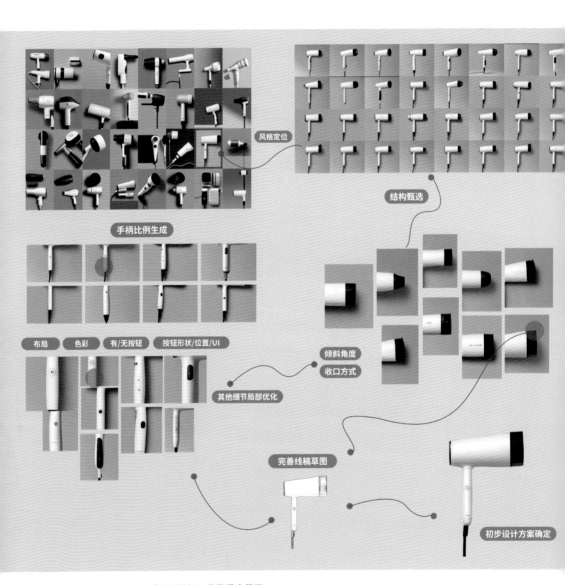

▲ 图 4-45 吹风机产品设计方案局部细节微调流程图

"多场景的合成示意"和"虚拟产品实展示"。

　　总之，AI绘画技术在工业设计过程中的应用程度因阶段而异，从前期的概念设计阶段到后期的生产交付阶段，其应用程度逐渐降低。然而，随着AI技术的不断发展和完善，未来AI绘画有望在更多领域和阶段发挥更大的作用，为工业设计师和工程师提供更多的支持。下述的两个场景，是我们认为AI绘画在未来工业设计领域的绝大潜力体现。

1. 基于实时可视化的工业设计协同模式

　　众所周知，工业设计是一项复杂的系统性工程设计活动，在整个设计环节中拥有众多的参与角色，包括多个设计部门、工程部门、生产部门、运营部门、采购及成本预算部门等，这么多利益相关者如何快速地对"产

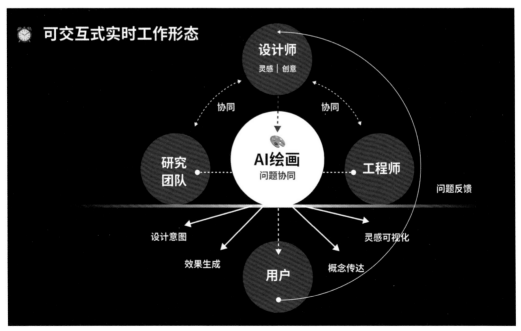

▲ 图4-46　基于实时可视化的工业设计协同模式

品的诞生过程"进行有效的协同？那么 AI 绘画无疑是这颗"心脏"。

上文提到，AI 绘画的一大优势就是将人们天马行空想法快速可视化，具体到工业设计，即可以帮助设计师更快速、更准确可视化其复杂的设计思路和设计方案。在满足了充足的算力需求后，基于 AI 绘画的设计效果可视化可以无限接近"实时生成"，可以使不同部门的利益相关者以更加清晰、准确的方式理解设计师的意图，在设计过程中识别并解决设计中可能出现的问题，辅助设计师和工程师进行更全面的评估，优化设计的可行性。同时，非专业设计的利益相关方也可以基于 AI 绘画技术无门槛地参与到方案的优化建议中，提升各部门对于工业设计的协同性。当然，未来的潜在消费者、用户也可能通过这种方法给产品公司进行用户体验的反馈，从而真正实现工业设计领域的参与式设计。

2. 基于 AI 绘画的自主设计方案推演迭代趋势

区别于上文提到的"设计方案的局部微调"，本小节将更加侧重 AI 绘画在全流程工业设计阶段，所展现的自主设计潜力。在未来，AI 绘画技术或许将具有更强的自主性，通过分析原有设计方案中的特点和共性，结合概念设计的要求，AI 绘画可初步实现设计方案的自主推荐、设计迭代及优化调整。

在早期概念设计阶段，由于 AI 绘画大批量生成的特点，设计师在海量设计方案中进行筛选和比较需要耗费较高的时间精力成本。而 AI 绘画可以利用图像识别、推理及分析能力，为设计师实时提供不同方案之间的比较和评估，辅助设计师推演出该阶段最优设计方案并快速决策，实现概念设计方案的自主推荐。

在设计深化及方案迭代过程中，AI 将基于强大的深度学习、数据分析等能力，自主挖掘该设计方案存在的客观设计缺陷及主观设计判断问

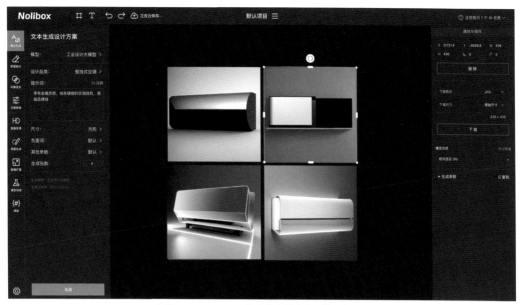

▲ 图 4-47　Nolibox 画宇宙与某家电品牌共创面向工业设计的 AI 绘画设计生产力工具

题，比如材料选择不合适、结构不够稳定、色彩搭配不符合市场需求等。
AI 绘画则可根据设计师的反馈和概念设计的要求，基于自有产品知识图
谱、设计数据集谱等数据自主调整设计细节，产出符合设计师创意及用
户需求的结果，完成产品的自主设计推演及迭代。这种强智能化设计过
程极大缩短了全链路的设计周期和成本，同时也加速了产品的问世。

　　作为聚焦 AI 生产力工具的团队，我们（Nolibox）很早就持续在工业
设计领域布局。自主研发的"无限画板 + 定向 AI 模型"的产品形态，已
逐步成为国内不少头部制造业企业全新的"AI 绘画设计生产力工具"。
该工具整合了工业设计师在设计过程中的真实需求，构建了集合多模态
生成、局部调整、模型训练等一系列辅助产品设计创新的 AI 绘画功能集，
并通过无限画板的产品形态，最大程度满足了工业设计师拥有的设计工
具使用习惯。

但我们不得不承认，AI 绘画技术在工业设计领域仅停留在"应用于草图和概念设计"的阶段，距离广泛应用于后期深化设计、产品制作还有一段不短的距离。我们相信，随着 AI 技术的不断进步与发展，AI 绘画技术将具备更出色的性能，能够在工业设计的全流程中发挥关键作用，并开拓更广泛的应用场景。

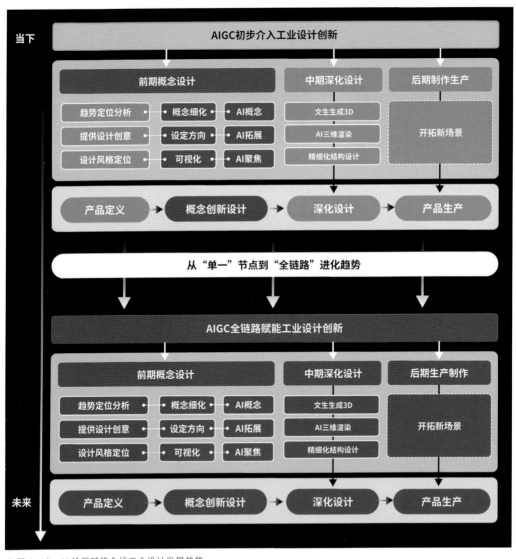

▲ 图 4-48 AI 绘画赋能全栈工业设计发展趋势

第 4 节 / 服装设计领域

一、AI 绘画在服装设计领域的应用现状

　　2016 年，谷歌与德国电商公司 Zalando 合作，基于谷歌的 AI 开发框架 TensorFlow 推出了人工智能服装设计实验项目 Project Muze，用户通过输入兴趣、情绪、风格偏好以及性别等基本信息，即可获取由 AI 为其定制的虚拟服装设计方案。虽然在设计方案效果的稳定性方面还有待提高，但作为 AI 在时装行业应用的先驱之一，Project Muze 还是有一定的启示意义。发展到今天，服装行业中已不乏借助 AI 之力的设计案例，2018 年，韩国时尚品牌 "SJYP" 推出了由人工智能设计的服装；2019 年，深兰科技研发的辅助设计系统——DeepVogue 在当年的中国国际服装设计创新大赛中获得了亚军；同年，日本 DataGrid 公司基于 GAN 对抗生成网络开发了 "自动全身模特生成" AI 系统。DataGrid 在一个纯白色背景前面构建 AI 模型，消除了所有可能混淆算法的无关信息，加上逼真的光线感，生成的模特类似在摄影棚拍摄的效果。DataGrid 可以从头到脚生成高度逼真的人物图像，包括发型、面部、服装等。由此可见，AI 在服装行业

介入的方向发生了从尝试独立方案设计到研究局部优化生产环节的转变。

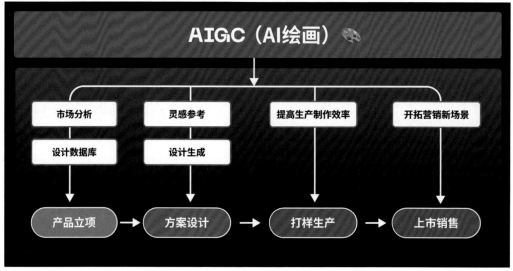

AIGC（AI绘画）

| 市场分析 | 灵感参考 | 提高生产制作效率 | 开拓营销新场景 |
| 设计数据库 | 设计生成 |

产品立项 → 方案设计 → 打样生产 → 上市销售

▲ 图 4-49　AI 绘画赋能下的服装行业设计工作系统

二、AI 绘画在服装行业的具体应用创新

1. 品牌策划阶段：市场分析与方案指导

　　在服装行业，一款服装从设计到上市的整个流程是线性且简单的，大致可分为"品牌策划、方案设计、打样生产、上市销售"这 4 个环节。在前期的策划及方案设计过程中，服装设计师不仅需要考虑美观性和实用性，还需要考虑市场需求、成本、工艺等问题。因此，服装设计师需要投入大量的时间和精力在设计上，然而作为一个更新换代速度快，对创意产出需求相当大的行业领域，为了提高市场竞争力，在这一阶段的时间及人力成本进行控制是有必要的。首先，品牌可借助 AI 预测分析市场流行趋势，也可基于以往的设计成果建立本品牌的设计数据库，通过

AIGC的以图生图技术，将当下流行款式和品牌特色款式进行比对和融合，快速锁定既适应当下市场需求又继承品牌设计精神的设计方向，以指导方案设计。

2. 方案设计阶段：灵感参考与生成设计

概念设计参考

在方案设计阶段，AI 绘图技术能快速生成大量创意灵感参考。可以根据设计师输入的少量关键词生成时尚概念大片、时装插画或服装实物上身效果，提供多样化的创意参考，拓宽设计师的思路。利用 AI 绘图技术生成服装设计作品已是当下时尚界中的热门方向，不少设计博主开始尝试用 AI 绘图创作服装设计概念图。AI 艺术家 @str4ngething 利用 AI 软件，将耐克（Nike）的运动装与文艺复兴时期的风格相结合，甚至在主教长袍中融入了耐克经典标志，在互联网上引起了讨论的热潮。

▲ 图 4-51　AI 绘图艺术家 Str4ngeThing 的部分服装概念设计作品
（资料来源：https://superrare.com/str4ngething）

同样通过 AI 服装设计备受关注的还有 AI 艺术家埃尔莫·米斯蒂安
（Elmo Mistiaen）的作品，他最广为人知的 AI 创作同样是以耐克标识为
主要元素，并将户外风格与昆虫元素相结合，重新诠释了"仿生"的设
计主题，带来惊艳的视觉艺术效果。

▲ 图 4-52　AI 绘图艺术家埃尔莫·米斯蒂安的部分服装概念设计作品
（资料来源：https://www.instagram.com/aidesign.png/）

服装图案生成

可见，AI 绘图技术在服装设计的方案设计创意表达阶段大有可为。
而在更偏市场导向而非品牌设计表达的某些服装品牌中，AI 绘画技术可
以帮助设计师大规模快速生成印花图案和系列款式，加快系列产品更新

换代的频率，提高市场竞争力。以传统的匹布印花图案设计为例，原本是依托两方循环和四方循环的无缝图案，设计师需花费大量时间来调整、校对连续图案的准确性，而这一时间成本在 AI 绘图技术的帮助下可以大量压缩，在 Nolibox 画宇宙产品中，设计师可通过输入文字快速生成连续的无缝图案。

除此之外，近年来，随着数码印花的大面积推广，市场对循环图案的色彩和层次表现提出了更高需求，而对图案主题和类目的需求也日益增加，这促使设计师往三维立体、影像色彩等方面寻求技法和创意的双

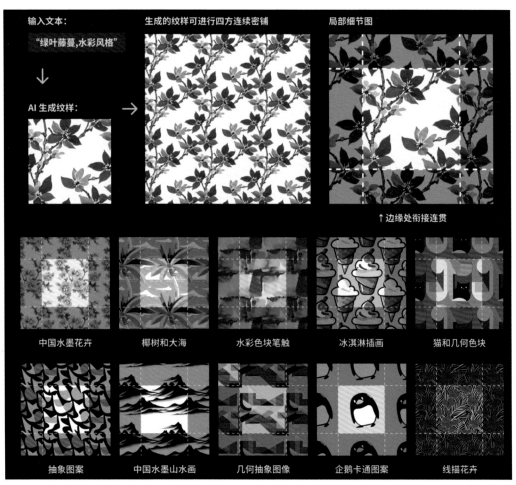

▲ 图 4-53　AI 生成印花纹样

突破。通过使用AI绘画技术，设计师可以尝试不同风格、不同主题的创作，进而实现小批量快速反应的数码印花工艺流程。AI绘图技术可以根据设计师提供的素材和需求，自动生成多种不同的图案。设计师可以在AI生成的基础图案上进行调整，快速完成图案设计工作。

▲ 图4-54　AIGC生成数码印花图案

材料肌理生成

　　服装的面料和肌理是服装设计和生产中相当重要的一环。对面料和肌理的推敲往往是一个与实践、打样相结合的漫长过程，但通过AI绘图技术，设计师可根据文字描述或局部肌理图片参考，快速生成适合当下方案的面料肌理效果，还可通过持续的调整、深化，生成出接近于制作工程文件的精细作品，极大地压缩工作时间。

▲ 图4-55　服装编织肌理效果

服装款式设计生成

在大部分快销品牌的服装设计中，通常不会对不同种类服装的基本款型作出太大的修改，而是以加入或调整如领口、袖口、腰部等一些局部的细节设计为主要设计思路，因此，可使用 AI 绘图工具，通过局部修改关键词进行微调，快速生成大批量的系列服装设计方案，提高品牌焕新的效率。

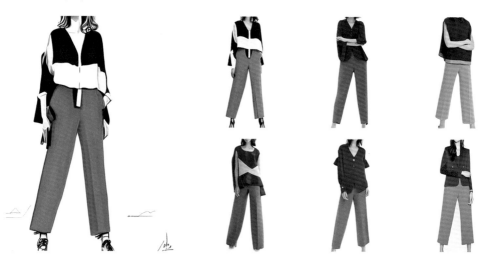

▲ 图 4-56 基于草图生成多样化成熟设计方案

▲ 图 4-57 基于 AI 绘画的服装设计系统

3. 销售运营阶段：充满无限想象力的营销场景展示

AI绘画技术的出现为服装营销场景提供了更多的可能性。对于追求薄利多销、快速焕新的快时尚商户而言，AI绘画可为顾客提供虚拟试衣的场景，基于顾客自身形象实时生成试衣效果图，还可切换不同服装搭配风格和试衣场合背景，甚至可支持顾客导出带品牌水印的高质量试衣效果照片，拓宽品牌宣传渠道。除服饰套装之外，也可实时生成穿戴有珠宝配饰等的全套服装搭配，提供更好的试衣体验。

品牌也可基于AI绘图技术打造可供用户个性化定制的服装款式、图案和服装配饰，凭借AI能够生成高质量图形和设计的能力，客户将不再局限于已有的设计样式，而是可以基于自己的喜好创造出充满个人风格的独特、个性化作品。这种一对一的设计方式或许有助于增加顾客满意度和品牌忠诚度。目光再放长远一点，AI绘图技术还可以与当下热度颇高的虚拟服装品牌结合，在元宇宙中开拓新的服装宣传和销售市场。

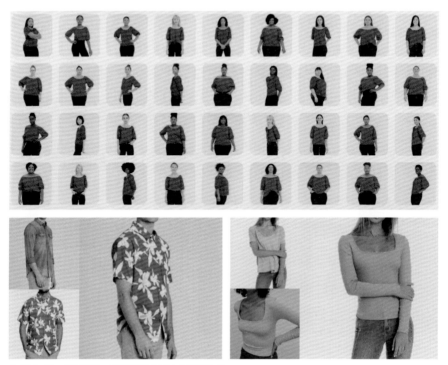

▲ 图4-58　不同背景、不同模特的试衣效果图生成

第 5 节 / 空间设计领域

一、AI 绘画在空间设计领域应用现状

本小节所讨论的空间设计主要包含建筑设计、室内设计、景观设计、展览设计这四块内容，同时还延伸至新兴的城市设计、元宇宙空间设计等类别。

早在 70 年前，建筑设计领域的学者就开始思考如何将机器带入设计创意过程中。而在空间设计领域，人工智能已不再是一个新兴话题。随着每一次数据和计算能力的提升，设计范式也在持续地更新与演进。自现代主义诞生以来，空间设计领域一直在不断地探索与创新。从手绘图纸到 CAD 制图的跨越，再从 CAD 制图演进到参数化、BIM 设计，每一次技术革新都为设计师们提供了更为强大的工具。如今，随着 AIGC 技术的广泛应用，空间人工智能设计这一概念应时而生，它正悄然引领着空间设计领域的第三次革命。而 AI 绘画作为人工智能在图像创意领域的代表性技术，必将对空间设计的多样场景、概念创意生成和设计方案深化辅助等环节产生颠覆性的影响。

人工智能介入空间设计并不是突然涌现的概念，2018年，郑豪和黄蔚欣首次利用生成对抗神经网络（GAN），以其主要用来学习和生成输出带有相似特征数据这一特征，对平面图进行分析。他们使用GAN的改进版本（Pix2Pix）HD，将平面图图像转换为程序化的色块，并将色块转换为绘制的房间。哈佛大学在读硕士斯坦尼斯拉斯·沙尤（Stanislas Chaillou）在2019年发表了ArchiGAN，这是一个基于Pix2Pix技术的公寓交互设计平台，可以实现从单层到整栋大楼的结构设计、户型设计、室内设计以及社区规划。它的强大功能引发了社会的广泛关注和学界跟风。在接下来的三年时间内，GAN成为各家数字建筑国际顶会的主宰。ArchiGAN也被应用于Autodesk的早期规划软件。2020年，有文章专门介绍了一种基于GauGAN的神经网络。区别于以往的技术比如（Pix2Pix）HD，GauGAN将边界图片和风格图片结合输入，提供了一种生成多种建筑布局的方法。

2021年，Diffusion扩散模型成为现今热门的图像生成式AI中最核心的部分，例如Stable Diffusion、DALL·E2等，他们的生成效果无限接近真实照片的渲染效果。生成式AI技术协助建筑设计师快速生成各种灵感草图、设计方案、建筑模型、渲染图和动画等可视化效果。时间来到2022年，ChatGPT等具有文本生成能力的语言类大模型出现，通过文本提示词执行建筑领域的任务成为可能，例如协助设计师进行大量的历史案例数据分析，对建筑或城市规划方案进行模拟预测、生成设计方案、提供咨询建议等工作。

可以说，空间设计领域是最早融合人工智能技术的细分专业设计领域之一。国内外的建筑设计事务所、高校，国内的设计院、地产已经将类似AI绘画的计算机辅助设计融入项目实践中。ZHA、SPAN、Matias del Campo等知名建筑事务所都已经将AI绘画技术引入到建筑概念设计构思阶段。

扎哈·哈迪德建筑事务所（ZHA）正在大范围使用由文本生成图像的 AI，例如 DALL·E2 和 Midjourney，为其项目提供设计灵感。工作室负责人舒马赫在最近一次围绕人工智能如何改变设计的圆桌讨论上发表了演讲，介绍了 ZHA 使用图像生成技术的情况。他表示："并非每个项目都在使用它，但可以说大多数项目都在使用。我鼓励所有在竞赛和早期构思中工作的人去尝试看看，增加自己的可选方案。"舒马赫展示了使用 DALL·E2、Midjourney 和 Stable Diffusion 生成的虚构建筑图像，这些图像都有着 ZHA 标志性的流体、肌肉线条风格——这也是该工作室创始人、已故建筑师扎哈·哈迪德最鲜明的设计风格。报道指出，ZHA 已经建立了一个内部的 AI 研究小组，他们将 AI 生成图像中约 10% 至 15% 的内容用于 3D 建模。舒马赫还呼吁不要对 AI 系统进行过度的监管，而应该更加开放、自由和充满乐观，去解决与 AI 相关的问题。

在产业界，以生成式 AI 为主导的设计工具公司近年来增长迅猛，聚焦家装设计的酷家乐、三维家，主打 AI 建筑设计的小库科技，都是国内在该领域具有代表性的公司，此外还有海外的老牌计算机辅助设计工具公司 Autodesk、Finch、SWAPP 等。值得注意的是，其中初创类公司多以生成式 AI 作为其产品的主要核心，并围绕 AI 能力构建了新的产品形态及工作流程，体量较大的老牌公司则主要推出具备生成式 AI 功能的插件、功能集并整合进自身原有软件工具体系中，我们也非常期待这"两种产品形态"在未来市场竞争中的表现。正是建筑、空间设计产业的智能化前沿探索者，积极推动 AI 绘画等技术在自身行业领域的融合及创新，才有了今天应用层百花齐放的场景。

其中，国内颇具代表的公司——小库科技（XCOOL），一直致力于"AI+ 建筑设计"的前沿探索及工具产品研发，他们在 2016 年就率先提出"以 AI 技术介入建筑设计全流程"的理念。其推出的"小库设计云"产品平台，凭借自主研发的融合建筑规范和算法规则的智能设计引擎，可以依据输入数据针对多场景提供一站式智能设计生成和分析评估方案。而且该平台支持输出和分享多种方案文件格式，包括二维图纸、三维模型以及 BIM 模型等。

此外，品览也是国内较早一批打造"协作式云端建筑智能设计平台"产品的公司之一，更加侧重于建筑的深化设计阶段，基于其自研的云平台 AlphaDraw（筑绘通），用户直接上传建筑方案图就可自动生成成套施工图。

二、AI 绘画在空间设计中的具体应用创新

与工业设计领域较为相似的是，AI 绘画在空间设计领域的应用能力也主要体现在概念方案设计阶段，并同时在中期的设计深化阶段也有局部能力体现。在表现最为出色的前期概念设计工作中，AI 绘画凭借其多样化的文生图、图生图能力为设计师在发散方案构想、方案可视化呈现

▲ 图 4-59　AI 绘画驱动下的空间设计流程

和方案评估这三个方面提供有力支持，让设计师可以逐步优化前期调研及方案设计的工作流。

总的来说，在发散方案构想阶段，AI 绘画能够从众多设计案例中汲取灵感，协助设计师快速激发创意并生成丰富多样的设计效果。其次，涉及方案呈现环节，AI 绘画能实现从"低信息量"的草图和体块模型转化为具有"高信息量"的逼真设计方案，让构思更加生动直观。最后，在方案评估方面，AI 绘画具备自动评估设计方案的能力，同时通过模拟人类使用场景、分析空间布局和照明等诸多要素，助力设计师迅速深化方案，节省时间并提升设计质量。

1. 生成多类型空间设计概念图

在初步概念方案探索阶段，设计意向往往是模糊且不确定的。草图作为协助空间设计师快速捕捉和表达自身构思与创意的重要工具，帮助设计师与客户或团队沟通积累素材、拓展思路以及展示专业水平。设计师需要通过多次草图描绘和反复推敲，才能确定一个明确的设计方向。AI 绘画恰好能助力空间设计师快速捕捉和表达自己的构思和创意，为初步设计方案的发散和验证提供支持。

AI 绘画能够通过学习大量的建筑手稿及设计理念，将分析阶段提取到的关键词信息迅速可视化。设计师可以通过直接输入关键词，获取丰富的手绘稿。此外，设计师还可以将手绘稿与关键词一同输入到 AI 绘画工具中，设计师只需勾勒出基础结构和布局，AI 便能根据文字的辅助完善剩余内容。这些方法让设计师能够更专注于从调研分析阶段的结果中发散设计创意，同时也能更快速地为用户带来更直观的设计理解体验。

概念效果图基于草图，是对最终空间形态进行更详尽和真实的表达，侧重于呈现设计概念和目标，协助设计师完善并展示他们的最终建议和

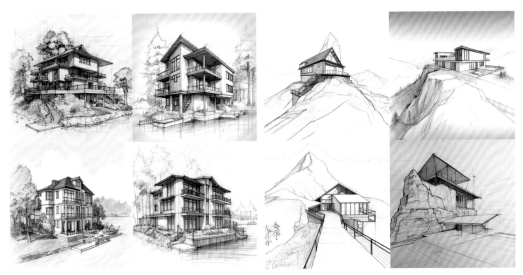

▲ 图 4-60　文本生成建筑设计草图

解决方案。AI 绘画技术的运用使得原本依赖专业空间效果图制作软件才能实现的建筑体或室内物体的造型、结构、色彩、质感等逼真效果能快速展现，同时也在一定程度上满足了设计师对细节、美感、氛围等的创意需求。现如今，越来越多的建筑设计师将 AI 绘画技术融入设计和实际工作，这助力他们更迅速地探索创意。

在 AI 绘画设计工具层面，除了建筑设计师早期经常使用的 Midjourney、Lexica、Dream Studio（Stability.Ai 旗下平台）、Stable Diffusion Web UI 等主打通用的 AI 绘画生成平台外，业界还出现了一批专注辅助建筑设计的 AI 绘画设计工具产品，例如上文提到的小库科技的小库 AI 云、酷家乐的 KooAI 等产品，这些产品都结合建筑、空间设计领域自由的行业先验知识、数据，构建了符合其行业效果需求的生成模型，可实现支持根据用户提供自然语言、草图等模态信息直接生成概念效果图。

芝加哥建筑师斯蒂芬·库拉斯（Stephen Coorlas）发现可以将 AI 绘画

的生成结果用于自己项目的早期创建情绪板阶段，他通过 Midjourney 设计了一个露天展馆，并采用 3D 打印技术完成设计。虽然 Midjourney 帮助库拉斯不断迭代设计得到概念图片，但是 AI 绘画目前从效果图到全尺寸展馆 3D 结构的技术并不成熟，所以还需设计师手动参照概念图建模并进

▲ 图 4-61　AI 绘画生成芝加哥北岸地区设计的露天展馆效果图

行结构分析。洛杉矶的建筑事务所哈桑·拉格布（Hassan Ragab）使用 Midjourney 工具尝试了多种创新型建筑材料，包括编织、羽毛和棉花糖等。但他们也发现，因为 AI 绘画的技术特性，这些生成概念图细节上往往会出现一些明显的错误，且很难进行局部调整，同时 AI 绘画对于建筑特色文化风格的理解也非常有限。

▲ 图 4-62　AI 绘画生成编制房效果图

由于建筑、空间设计流程的多样性及复杂性，原生的 AI 绘画产品一方面很难使设计师快速上手，另一方面一些基础功能已经没办法满足设计师的需求。因此，一些基于 AI 绘画的辅助产品应运而生，来自英国的初创 AI 公司 Myidea.AI 专注为空间设计领域提供精准提示词（Prompt）推荐辅助产品，帮助设计师抛开繁复的提示词尝试。其产品旨在通过用户简洁明了的指示，进行头脑风暴并生成包含参数的结构性指令，这些指令输入到 Midjourney、Lexica、Nolibox 等 AI 绘画工具中便可获得完整丰富的画面内容。例如，将 "city on the moon" 输入 prompt.myidea.ai 中，就可以自动得到场地、风格、装饰、颜色等相关关键词，再加以组合得到与 "月球" 建筑相关的具体描述词，更快捷、更具体地满足用户的审美偏好和对月球未来建筑的无限遐想。显而易见，一些创新者已经发现 AI 绘画和 GPT 等大语言模型的深度结合的潜力，并快速提供辅助产品支持设计师探索更加新奇、新颖、未来的设计理念。

▲ 图 4-63 基于提示词生成的未来主义建筑概念效果图

2. "低信息量"到"高信息量"的概念设计方案生成

除了上一小节介绍的输入"文本描述"生成"空间效果图"的基础功能外，AI绘画在空间设计中同样支持输入"信息量较低"的"初步设计"来生成更加可控的概念效果图，在通常情况下，设计师在传统概念设计阶段产出的如手绘草图、建模体块、实体模型等都属于"低信息量"输入信息。区别于直接输入文本描述，这些看似"低信息量"的草图、模型，实则对后期生成更为可控的概念方案具有显著作用。

通过AI绘画的垫图生成、相似图生成等图生图功能，信息量较低的初步设计输入约束和控制了输入和输出结果的相似度，让其最终生成结果更可控。在技术层面，2022年被提出的基于扩散模型的DiSS框架，实现了从草图到真实图像的转换，并且实现了对输入的三维控制（轮廓、颜色、真实感）。而在2023年的上半年，通过添加额外的条件来控制扩散模型生成的神经网络结构——ControlNet的出现，更好地控制了图像到图像的通道，我们可以使用其canny、depth、openpose、segmentation等模型实现"低信息量"到"高信息量"的更精准细节表达。

▲ 图4-64 Visualizeai 产品

如今，已经有很多设计师和公司将 ControlNet 与 Stable Diffusion 结合，以解决原先 AI 绘画结果随机、细节难以把控等问题。例如 Visualizeai、神采 Prome AI 等，根据输入内容及一些必要参数设置，例如样式、颜色、主题等，将线框、草图转换为写实风格的建筑渲染图。我们同样可以使用数字模型、实体模型作为 AI 生成的载体生成设计方案。建筑师的专用 AI 模型——Archdiffusion 虽尚未达到最理想的状态，但目前已经可以将输入结合体块模型的形式设计、设计理念、设计想法与需求，进行各阶段模型的简易渲染。并且，如果输入更多详细信息，如建筑的属性、材料、功能等，那么所生成的渲染图也会更准确。

建筑智能研究组（AIG）探究了多种路径的生成实现方式，例如，将 AI 与建模软件 SketchUp 结合，空间设计师可以建立多个体块形成的建筑形态，然后嵌入 AI 绘画工具中生成与之相似度极高的设计方案。同时 AI 会提供不同的观察角度，给设计师和客户更多的可视化参考选择。

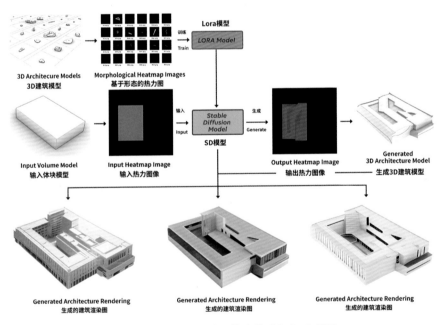

▲ 图 4-65　Stable diffusion 结合 LoRA 实现基础模型生成 3D 模型
（资料来源：建筑智能研究组）

此外，AIG 采用大模型和自训练小模型相结合的方法，以特定的 3D 建筑形态和形态热力图来训练 LoRA 模型，用于改进 Stable Diffusion 模型。这使得 Stable Diffusion 能够以基础的三维模型和灰度数据为输入，生成精细的三维建筑形态。同时，生成的三维形态还可以在 Rhino 等建模软件中进行进一步编辑。

由 Smartscapes Studio 创建的 ARCHITECHTURES，基于云端 AI 系统实时将用户输入的简单模型和建筑参数转化生成 BIM 解决方案并附有所有分析指标。此外，日本大和房屋产业与 Autodes 合作设计的城市住宅，也是使用了 AI 自动生成技术设计了城市住宅。规定小块土地范围后，设计师们只需要输入相应参数，如设计目标、材料、制造方式和成本限制，就可以快速生成不同的立体设计解决方案。

3. "单一方案" 扩展到 "多个方案"

在早期的空间设计阶段，设计师通常需要提供多个方案，如渲染图、平面图等，以满足客户的多样化需求，同时也有助于设计师进行方案优化和灵感激发。AI 绘画技术的应用，为空间设计师在有限的时间里快速生成多种方案提供了可能，确保设计师能做出最优选择。

AI 绘画技术在生成多个设计方案上有两种模式。第一种模式下，生成的方案之间会有较大的结构、风格、颜色和材料差异，另一种模式则利用 AI 模型隐空间（Latent Space）中参数的连续性，生成相互之间具有一定关联性的多个方案。这样的应用允许用户上传基础图片，并结合提示词，生成与基础图片和提示词部分关联的多种方案。在空间设计中，这种关联性通常表现在空间结构上。

我们与国内某知名家装平台联合发起的 "AI 家装梦改计划" 运营活动，用户只需要在小程序中上传自己的户型照片，AI 绘画即可基于空间布局特点，生成完成对应的全新室内设计效果图，让用户可以即时体验到家居改造的无限可能。类似产品如国内酷家乐的KooAI家装产品，允许用户上传照片、实景图或参考图，仅需选择风格和类型，便可一键生成多种效果方案。

▲ 图4-66 Nolibox联合知名家装平台发起的"AI梦改计划"

▲ 图4-67 AI室内设计的产品Interior AI

此外，海外产品 Interior AI 最核心的功能是运用 AI 算法对现有室内照片进行重塑，非常适合用于调整原有设计效果图或对室内设计进行改进。而 RoomGPT 这款人工智能工具能够让用户根据现有房间照片，在短时间内生成不同布局、墙面颜色和家具组合的设计方案，实现用户心目中的梦想住所。

这些产品的应用不仅能激发创意并提升设计师的工作效率，同时也适合那些想要翻新或改造房间的非专业设计人士，为他们呈现丰富的风格选择以及持续不断的设计灵感。

4. 基于"2D 建筑 / 室内平面图"生成"3D 建筑 / 室内模型"

本小节主要讨论的应用创新技术区别于采用 SD 等大模型的图像生成技术的 AI 绘画。早在数年前，国内外的相关团队已在研发通过 AI 根据输入的 2D 建筑或室内平面图，智能地生成相应的 3D 模型或效果图。这一技术有助于提高设计效率，加强可视化，让各部门与合作伙伴之间能更顺畅地沟通设计意图和细节。此外，它还让设计师得以迅速呈现不同设计风格、材质、光照、布局等，从而提升设计的灵活性与创新力。

在国内市场，多个平台已成功运用 AI 技术并将其产品化。早在 2021 年，阿里云人工智能实验室便推出了全息建筑产品。该产品基于阿里云 AI LAB 的自研算法，能自动解析 CAD 平面图纸，生成三维构建及 BIM 模型，实现数据分析与可视化展示。酷家乐平台允许用户上传室内平面图，通过简单手动操作（如拖拽、选择、调整等），最终展示个性化的 3D 模型和效果图，并提供多种风格和素材供用户选择。小库科技的 SaaS 服务平台则利用云数据在线对导入的场地 CAD 图纸进行评估，通过数据应用技术收集线上和线下数据，快速分析定位及地块价值信息。用户还可输入基本控制指标，如容积率、日照时间、绿化覆盖率等，平台系统便能实时生成三维建模并提供各项指标审核及智能编辑功能，供设计师进一步优化工作。

诺亚（Noah.）的"智能衍生"模块也尝试支持设定用地相关参数及要求，根据用户上传的平面图，一键生成强排、住宅等多场景的3D立面方案，同时进行指标评估和计算。然而，目前这些AI生成的方案尚不够准确和合理，有时会出现与用户需求不符或结构偏差的情况，仍需用户大量调整和修改。

三、未来趋势

我们不得不承认，由于AI绘画的数据限制，很可能导致建筑、空间设计结果的风格同质化等问题。在实际设计工作中，不少设计师为满足客户方对独特建筑、空间体验的追求，还需要寻找定制化解决方案或个性化训练模型，或人工针对效果图进行调整或自主建模。因此，基于LoRA模型的组合使用创新，构建面向设计师的个性化模型、自定义训练流程，将会是AI绘画未来在空间设计中重要的发展方向。通过整合多种生成模型自定义训练，设计师能在有限时间内生成在良好控性范围内的多样化的设计方案。AI绘画技术还能帮助设计师节省非必要的工作时间，使其能够专注于创新和优化设计方案，从而有助于提高整体设计质量。

此外，AI绘画作为一个底层图像生成能力，可以非常好地耦合空间设计链路中的上下游技术场景。例如与空间设计的云协作化和云设计资产库化进行融合，一方面可以使得跨地域的设计师、工程师、甲方很好地对设计方案的修改进行实时可视化，另一方面，AI绘画与云设计资源管理的结合，可以对生成的设计内容及数据进行有效沉淀。有意思的是，基于元宇宙的"数字空间设计师"，近两年逐渐成为建筑师和设计师热门的职业选择之一，在不远的未来，大量的创意数字空间势必需要被重新设计，AI绘画将为虚拟世界中的创意视觉实时生成、渲染提供基础。届时，设计师将可以把精力放到构建独特的设计思维与工作流的搭建中。同时，空间设计中有大量的实体模型制作需求，得益于3D打印技术的普及，只需要建筑、空间的3D模型便可快速打印制作。设计师可以通过AI绘画生成空间设计方案，将其转化为实体模型，并通过3D打印技术实现快速制作。

AI绘画在空间设计中多样化的未来发展趋势愈发明显，包括个性化自定义训练模型、多模型融合、设计云协作、元宇宙空间设计以及与其他技术的集成。这些趋势将为建筑、空间设计领域的从业者及企业带来前所未有的机遇与挑战。

第 6 节 / 品牌运营领域

一、品牌运营领域的搅局者

在当下的商业环境中，品牌形象的差异化和特色化已经成为品牌运营的重要策略。尤其在流量垄断的行业趋势下，如何在有效控制成本的前提下构建符合自身公司、产品定位的品牌形象，相信是每一个创业者早期都会面临的难题。

品牌形象的建设和运营是一个复杂的系统过程，主要包含品牌定位和策略、品牌形象设计、品牌营销和传播以及品牌管理和维护这几个大类。其中，品牌定位和策略、品牌管理和维护与设计创意的相关性不强，主要取决于该公司及产品的市场战略。品牌形象设计、品牌营销和传播关乎着用户对品牌的直接认知，是品牌运营的核心。品牌视觉形象包括品牌标志、品牌色彩、品牌字体、品牌规范等。品牌设计和视觉形象需要符合品牌定位和策略，以体现品牌的独特性和识别度；品牌营销和传播包括广告、促销、公关、事件营销、运营活动等，需要根据品牌定位和策略，选择适合的营销渠道和方式，以推广品牌形象和价值。

传统的品牌运营注重通过各种创意创新手段和各种媒介来传递品牌信息，以提高品牌在消费者心中的认知形象。现如今，随着 AI 绘画在各领域的大显身手，对新兴事物感知异常敏锐的营销行业，正积极利用新技术来创造新的品牌运营服务体系，其中不少业内知名品牌商及 4A 公司已迅速行动起来。

2023 年 4 月，一封邮件截图在广告营销行业持续发酵。截图内容的主角是国内公关、营销领域头部公司蓝色光标，其华东区总部运营采购部发布通知，为全面拥抱 AIGC，管理层决定即日起无限期全面停止创意设计、方案撰写、文案撰写、短期雇员四类相关外包支出。作为该领域的国内头部企业，蓝色光标 All in AIGC 的战略或许暗示着广告、营销领域在 AIGC 的冲击下即将迎来颠覆式变革。

二、品牌创意运营的新载体

基于 AI 绘画在品牌运营中成功的行业应用案例，我们初步划分出三种主流的应用模式，并结合具体案例，带领大家剖析每种模式的具体创新点。

● 通过 AI 绘画直接生产营销内容

● 通过 AI 绘画能力与用户互动

● 通过 AI 绘画赋能品牌与 IP、艺术家的联动

1. 品牌利用 AI 绘画生产营销内容

品牌方通过用 AI 绘画直接生产运营推广中需要的图文、视频等营销物料，是目前业内最为直接且主流的方式。其中，2022 年 9 月，雀巢旗下酸奶品牌 La Laitière 发布的一则广告，引发了社交媒体的广泛关注。负责本次广告创意的奥美巴黎的团队通过使用 AI 绘画的 Outpainting 技术，在保证《倒牛奶的女佣》原画作质感、调性的同时，想象并设计了画作之外的世界，并通过记录延展的整个过程，向大家展现了 AI 绘画能力与品牌营销的天然契合性。

▲ 图 4-68 AI 绘画创作的《倒牛奶的女佣》画外世界
（资料来源：La Laitière）

2023 年 3 月 15 日，可口可乐发布了一则创意广告，该广告运用 Stable Diffusion 技术完美还原了世界名画艺术展，并实现了多个世界名画的动态表现，帮助可口可乐寻找到了新的创意营销突破点。早在今年 2 月，可口可乐公司董事会主席詹鲲杰就对外宣布了将通过 OpenAI 公司探索提高营销创造力的新方法，并要在人工智能上争当先锋，全面提升运营能力。

Stable Diffusion、DALL·E2、ChatGPT 等模型未来将应用于可口可乐个性化广告文案、图像和消息的制作上，以供营销和提升客户体验。詹鲲杰认为，饮料行业绝大部分潜力尚未被挖掘，要想抓住良机，就需要做好品牌执行，而要想实现卓越的品牌执行，首要任务便是不断提高营销标准，Stable Diffusion 等 AIGC 技术能够成为一个创新性的营销窗口，打磨个性化的营销体验，为可口可乐进行产品赋能。

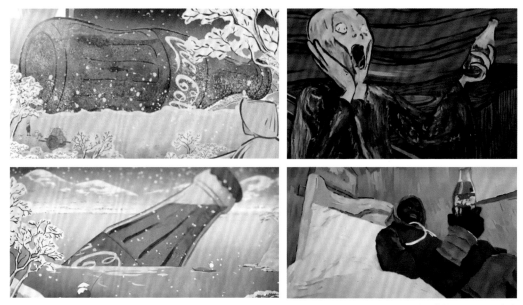

▲ 图 4-69   AI 绘画辅助创作的可口可乐广告片
（资料来源：Coca Cola）

2. 平台利用 AI 绘画与用户互动案例

　　AI 绘画作为一种拉进品牌与用户之间距离的交互式手段，是近期不少品牌方、平台在营销活动中尝试的重点。每个人都有创作美好事物的欲望，而 AI 绘画自带的"娱乐化、定制化"的加成属性恰好可以满足消费者的需求。因此，不少品牌方通过构建结合品牌形象特点、文化属性等要素的轻量化 AI 绘画功能平台，邀请用户参与设计并实时生成创意内容，实现真正的"参与式品牌共建设计"。

国内的大厂、品牌方凭借自身流量优势，结合 AI 绘画与自身产品特点，率先推出多款内嵌功能、小程序等数字产品。例如大家很熟悉的抖音"AI 绘画特效"，通过上传真实人物照片来生成二次元的卡通形象，该功能虽轻量简单，但已成为抖音最火热的视频特效之一。腾讯可持续社会价值事业部也推出了名为"画说梦想"的 AI 绘画小程序用于公益营销，让更多人关注自闭症等特殊群体。这种以 AI 绘画技术为基础的互动体验具有强大的社交属性和创意属性，成功地吸引了大量用户的注意力，使得这些品牌的知名度和认知度得到进一步提升。

知乎联合西湖心辰在 2023 年春节期间推出"AI 为你画出兔年祝福"H5 活动，旨在帮助用户以 AI 绘画生成一段兔年祝福语和一幅卡通漫画。用户只需选择关键词和送祝福对象，即可参与活动并分享到社交媒体上，实现品牌在节日期间的裂变传播。该活动得到了广泛关注和高度评价，展示了西湖心辰在 AI 技术领域的强大实力，为 AI 绘画在品牌营销中的成功应用提供了精彩的案例。

此外，特赞创意内容服务平台支持的"支付宝 2023 集五福—AI 年画"数字藏品领取活动于 2023 年春节前夕上线。用户只需登录支付宝，进入"集五福"链接即可参与。用户可根据屏幕提示完成兔子轮廓描摹，用以生成 AI 年画，也可以通过定制式装饰年画，为新春五福喜庆添彩，生成的 AI 年画可制作成兔年五福新春数字藏品并领取藏品中的"五福"福卡。

Nolibox 在 2023 年也相继与多家品牌方合作，涵盖文创、新消费、汽车、家居、3C 等行业品牌，及腾讯会议等国民级应用。我们持续探索利用 AI 能力为品牌方进行流量赋能解决方案，并打造了多款符合品牌特点的、具有文化属性的 AI 绘画互动式小程序。用户通过参与交互，利用

▲ 图 4-70　知乎与西湖心辰合作推出的 AI 作画 H5 小游戏
（资料来源：西湖心辰）

▲ 图 4-71　支付宝"2023 集五福—AI 年画"的数字藏品领取活动
（资料来源：特赞 Tezign）

AI 绘画生产各类创意内容，一方面加强了用户对品牌的自主传播性，另一方面基于品牌和文化元素的结合，使其品牌形象得到了进一步提升。

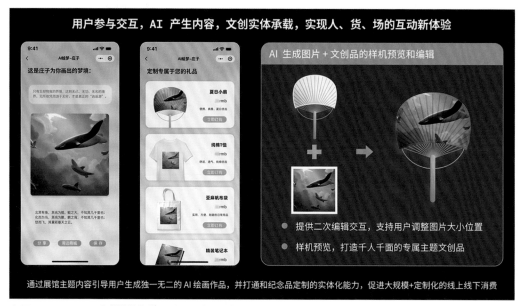

▲ 图 4-72　Nolibox 与某博物馆的 AI 绘画互动小程序概念

▲ 图 4-73　Nolibox 与数码产品、汽车品牌的 AI 绘画互动程序

▲ 图 4-74　Nolibox 与中国农业银行的 AI 绘画互动程序　　▲ 图 4-75　Nolibox 与 Fresh 的 AI 绘画 AI 绘画互动程序

3. 品牌与 IP、艺术家通过 AI 绘画联动

　　品牌与知名 IP、艺术家，甚至不同品类之间的品牌联动已是行业基本操作。在无利不起早的资本方推波助澜下，双方在联名后推出的产品溢价惊人，有时竟能达数倍不止。AI 绘画的优势之一就是可以无中生有地把"毫不相关"的元素进行"视觉融合"，即使差异性很大的品牌，也可以通过 AI 绘画的文生图、图生图等功能快速生成兼具双方特色的视觉结果。这项超能力如同定制一般，完美契合品牌联动的视觉表达需求，推进多品牌之间的合作共创。当然，从用户的角度思考，这到底是不是割韭菜就值得深思了。

　　从商业层面考量，AI 绘画、艺术家以及品牌方的三方合作可谓是"强强联合、优势互补、稳赚不赔"。一方面，品牌方可借助艺术家 IP 扩大单品的营销影响力；另一方面，"AI 绘画"的噱头不仅可以侧面加深人们对品牌前沿性质的认知记忆，同时还可以在设计创意层面降本增效。

比如国外艺术家 str4ngething 率先使用 AI 绘画技术，设计生成出多款耐克虚拟运动服，引起时尚行业的广泛关注。

▲ 图 4-76　国外艺术家 str4ngething 利用 AI 技术做出耐克虚拟运动服

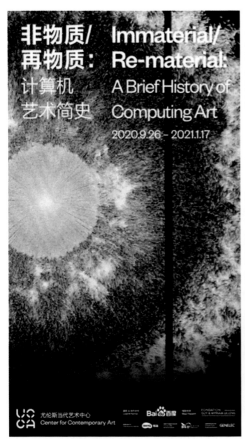

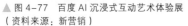

▲ 图 4-77　百度 AI 沉浸式互动艺术体验展
（资料来源：新营销）

"唤醒万物百度 AI 沉浸式互动艺术体验展"由百度联合 UCCA Lab 和国际数字艺术创意团队 Moment Factory 倾力打造，在中国首次亮相。此次展览充分挖掘了生成式 AI 和艺术融合的潜力，为品牌营销开拓了全新的想象空间。

除了与知名艺术家联名合作外，不少快消品牌盯上了"AI 绘画+IP"这块蛋糕。亨氏还联手加拿大创意机构 Rethink，共同推出了 Heinz A.I. Ketchup(亨氏 AI 番茄酱活动)。通过 AI 绘画的文生图、图生图等功能对"番茄酱"进行了趣味化的视觉创作，让人们能够窥见亨氏在 AI 中的形象，进一步深化了人们对该品牌符号的印象。这种独特的合作不仅开创了新的营销模式，也为亨氏在消费者心目中树立了更加亲近和创新的形象。

▲ 图 4-78　亨氏 AI 番茄酱活动

(资料来源：https://baijiahao.baidu.com/s?id=1761139830912965105&wfr=spider&for=pc)

三、品牌创意内容生产新模式

与传统的品牌运营的内容生产方式相比，AI绘画的介入使品牌运营过程中"高频、易耗"的创意内容的持续供应成为可能。值得注意的是，随着前几年行业内"数字化转型"的浪潮，不少企业、品牌方早已使用数据驱动的营销方式，通过分析式AI对大量消费者数据进行学习和分析，已初步建立了相对完善的用户画像数据库及相应的广告营销推荐算法。这次AI绘画的到来，让大批量、高品质、符合用户视觉审美倾向的品牌营销内容可视化表达成为现实，AI绘画正在成为数字营销模式中一种不可或缺的"设计创意能力"。

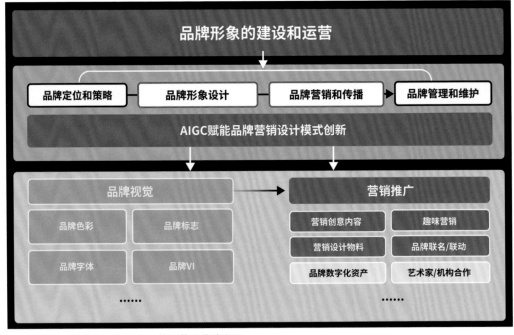

▲ 图 4-79　AI 绘画赋能下的品牌运营工作流程图

近一年内，全球诞生了多个聚焦"品牌运用、营销创意"的生成式AI公司，且发展十分迅猛。海外初创公司Jasper运用文字生成技术成功创作了适用于Instagram、Tiktok和广告营销的内容，并于2022年10月宣布以 15 亿美元的估值获得了 1.25 亿美元的 A 轮融资。国内一些企业如特赞、ZMO AI 和 Nolibox 利用 AI 绘画为其品牌营销增添动力。其中，特赞作为数字资产管理平台，在、Muse DAM 等产品中增加了 AI 绘画模块，以在数字内容管理的基础上提高内容制作能力和数字体验；ZMO AI 是广告物料生成工具，为广告营销提高效率和效果；Nolibox 画宇宙也为品牌方提供以 AI 绘画为主的全链路 AIGC 解决方案，助力企业智能创意新基建。

1. 辅助品牌快速生成多样化营销物料

数字化时代的消费者变得越来越"喜新厌旧"，与此同时，品牌形象和营销活动的更新迭代也愈发频繁。相关从业者需要在尽可能短的时间内创造出高品质、符合品牌形象和主题的创意内容及视觉素材，投入到日益内卷的行业流量争夺中。然而随着品牌设计周期的缩短，设计质量与时间成本的矛盾给相关从业者带来了一定的挑战。通过本书之前章节的描述，我们肯定对 AI 绘画的优势能力不再陌生。相较于打造专业设计级别的"品牌基础视觉形象"，AI 绘画似乎更加善于介入品牌运营中有着海量营销物料需求的营销推广环节，并让大批量、低成本、快响应的创意内容持续供给成为可能。

Nolibox 作为国内智能平面设计领域最早期的实践者之一，于 2022 年就推出了提供营销创意素材生成服务的"画宇宙商品图"及 AI 平面设计平台"图宇宙"，为中大型品牌方、中小商家构建从"创意素材生成——商业设计用——设计推荐分发"全栈式 AI 营销设计链路。该流程通过整合自主研发的 AI 平面设计引擎，深度整合图像生成大模型及平面设计生成算法，可以实现一键生成符合用户审美喜好及需求的商业级设计结果。只需要通过简单输入自然语言描述、商品主图等信息，品牌方就可以得

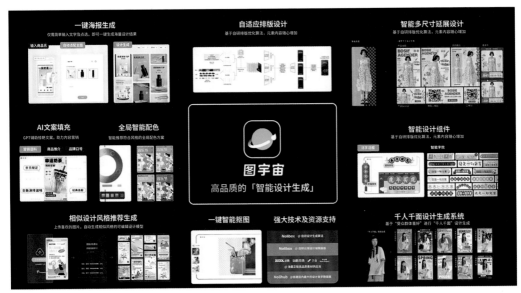

▲ 图 4-80 Nolibox 图宇宙 AI 设计平台

▲ 图 4-81 AI 绘画制作某品牌瓶装啤酒冰雪主题宣传图的过程
（资料来源：Nolibox 图宇宙）

▲ 图 4-82 通过 AI 绘画直接生成品牌运营的视觉物料

到高品质、大规模、定制化、快响应、低成本的各类品牌运营物料。我们自研的"设计元语言"（Meta Language of Design）可以对平面设计师和 AI 之间的知识进行转化，通过结合设计知识图谱框架，构建一套品牌运营设计中人和 AI 协同创意的设计生产模式。

2. 自定义 AI 绘画模型驱动品牌创意资产沉淀

尤其对于有多年品牌形象沉淀需求的企业，提供轻量化的"自定义 AI 模型训练能力"是必不可少的。该能力不仅可以产出更加符合该品牌调性的创意视觉内容，同时生成的结果也可以作为企业内部创意内容的资产进行沉淀，为未来模型训练提供数据基础，形成一套"AI 驱动下的创意内容生产闭环"。

在第三章中我们已经详细讲解过自定义模型训练的功能原理，产业界同时响应积极，迅速推出了包含"自定义模型训练"的应用产品。特赞于近期更新了旗下产品 Muse DAM，该工具原本是一个面向创意工作者的免费在线数字设计资产管理器工具，提供图片素材收集查找等数字资产管理工具，旨在提高创意工作者的工作效率。通过此次更新，整合一系列 AIGC 创意生产力功能，包括自定义模型训练、100+ AI 绘画模型、提示词生成工具、ControlNet 图生图等功能，同时结合沉淀多年的创意内容的数字资产管理能力，为用户提供 AIGC 数字化资产管理解决方案。其中自定义 AI 绘画模型训练功能，品牌方仅需使用 15~30 张图片作为训练数据集，即可训练专属自身品牌视觉调性的自定义 AI 绘画模型，并生成海量灵感作品，同时该功能还支持分享自己训练的模型，给其他用户在此基础上作图，加强了品牌创意内容的生产协同能力。此外，初创企业猴子无限也推出了面向"每个人的专属模型训练平台"，该平台提供丰富的算法库和模型训练支持，满足不同细分场景的创意内容需求。

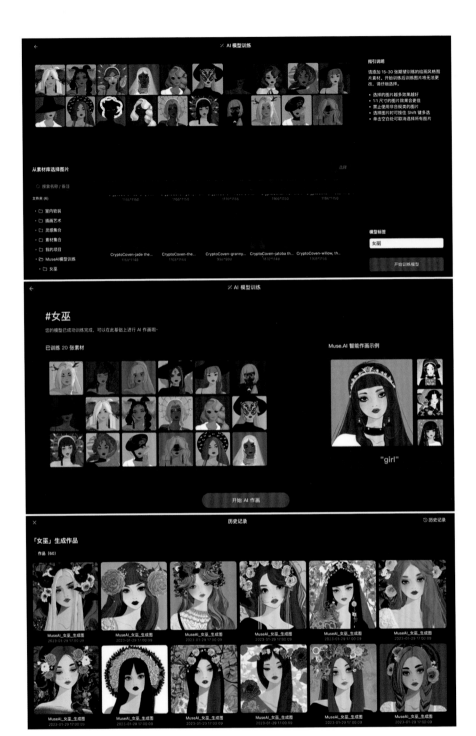

▲ 图 4-83 特赞 Muse DAM 模型训练功能

总的来说，轻量化的自定义 AI 绘画模型训练应用，可以基于面向品牌视觉的定向模型训练，快速打造统一化的品牌视觉输出，同时让品牌运营中源源不断的数字创意内容供应成为可能。

四、发展趋势

在未来，AI 绘画与品牌运营的融合势不可挡。品牌需要意识到这种数字化趋势，充实品牌内容和营销规划，实现品牌数字化转型。从用户层面而言，AI 绘画可以更好地满足消费者的个性化需求，提供更多的自由选择和参与互动的渠道，进一步建立品牌和消费者之间的情感联结。从品牌运营者的角度而言，AI 绘画将成为广告创意和内容生产的重要工具，是品牌运营的"好帮手"，让品牌能够更好地抓住消费者的注意力，提高品牌的曝光率和竞争力。

第 7 节 / 互联网产品

　　互联网产业已在中国"狂飙"十余年，在日益"内卷"的行业现状下，为了提升用户黏性及停留时长，产品设计已经不再是简单的界面设计，而是包括了用户研究、用户体验设计、交互设计、视觉设计等多个方面的综合应用。不同的产品类型和应用场景也要求产品设计具备不同的特点和功能，如电商网站、App 需要具备易用性和高效性，社交应用需要具备情感化和互动性等。整体而言，AI 绘画在互联网产品设计中基本还是从降本增效的角度进行赋能，以初步实现整体产品设计流程的有效优化。

一、用户界面（UI）视觉风格辅助设计

　　视觉表达层是"交互设计五要素"的最顶层，也是互联网产品中与用户直接发生交互行为的层级，而这一类的设计工作我们称之为用户界面设计（User Interface），即 UI 设计。不同的数字媒介终端、产品类型

需要不同的 UI 设计风格语言，因此在产品设计进入 UI 设计阶段后，UI 设计师一般会和产品经理、前端工程师明确产品应用平台、用户体验需求及品牌风格意向，通过不断地创建并调整视觉特征和美学风格，从网页端到移动端，形成一个系列化的界面设计风格。同时随着硬件的发展，多端平台联动的普及也增加了 UI 设计师在不同尺寸屏幕上考虑适用性的难度。

在这样的行业需求下，AI 绘画"恰如其分"地扮演了"神助攻"的角色，在辅助 UI 设计师对界面设计的系列延展阶段尽心尽力。基于目前市面上最新发布的 AI 辅助 UI 设计工具，设计师只需要完成一项"母版"设计，AI 就可以通过美学评估分析该设计的风格，准确生成符合品牌调性的系列设计，例如界面的插画、图标、动效等，还可以帮助设计师在不同尺寸屏幕上创建适用的界面设计。

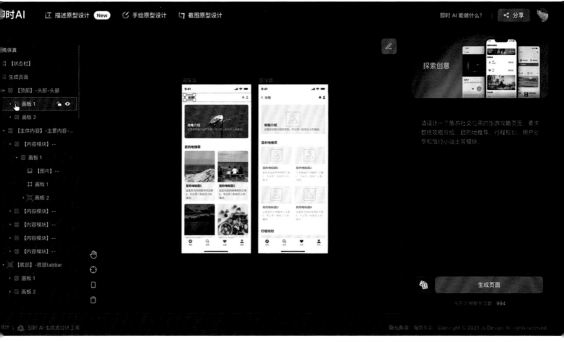

▲ 图 4-84　基于 AI 绘画辅助的交互界面设计
（资料来源：即时设计）

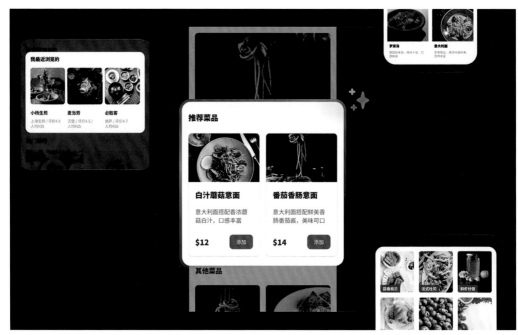

▲ 图 4-85　基于 AI 绘画辅助的交互组件设计
（资料来源：即时设计）

目前国内外 AI 辅助 UI 设计工具的功能大多集中在基于自然语言生成界面和生成图形元素组建两大类。全球著名的在线设计工具 Figma 的社区中有许多可供使用的 AIGC 插件，可快速辅助设计师进行界面生成和图形元素生成。国内知名的在线 UI 设计工具"即时设计"于 2023 年 4 月推出自己的首款 AIGC 产品——即时 AI，它能够辅助 UI 设计师通过简单的自然语言描述快速生成多种与需求相匹配的设计稿，并对不同阶段的 UI 设计稿件进行定制化的管理及修改。

同时，设计师可以通过 AI 绘画技术生成适合不同尺寸屏幕的素材，包括不同大小的图标、按钮和其他界面元素。这些素材可以根据不同设备的屏幕尺寸进行自适应，保证了用户在不同设备上的良好体验。此外，AI 绘画还可以根据用户的设备类型和屏幕分辨率，自动调整图像的分辨率和大小，提高图像的清晰度和精度。

国内另一知名的在线 UI 设计工具 MasterGo 也推出了自己的 AI 功能模块，在设计创作环节，可以根据现有界面的设计风格，快速生成新的界面；在协同交流环节，它能自动汇总团队成员的评论，并从设计、业务逻辑、文案等维度进行信息的分类和整理，提高协同工作效率；在设计生产环节，它能基于已有的设计界面自动构建设计组件库以供设计师在未来的设计生产中随时调用。

▲ 图 4-86　基于 AI 辅助的交互界面设计
（资料来源：MasterGo）

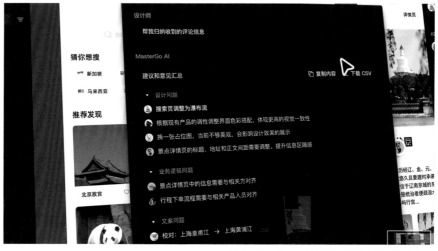

▲ 图 4-87　基于 AI 辅助的协同交流信息梳理
（资料来源：MasterGo）

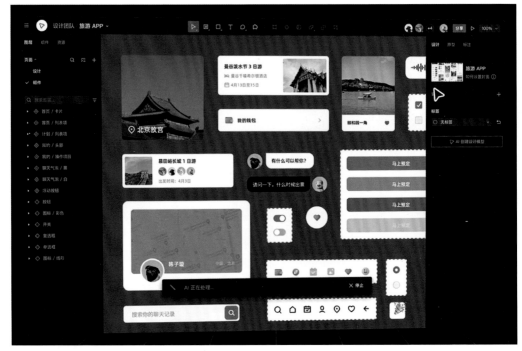

▲ 图 4-88 基于 AI 辅助的设计组件库
（资料来源：MasterGo）

二、辅助数字产品前端开发

在互联网产品开发阶段，AI 可以快速将设计师的方案构想视觉化呈现，设计师只需输入关于界面功能、风格的描述文本，即可快速形成低保真界面预览，以便于加快产品开发前期基本产品原型迭代的效率。在产品基本框架确定之后，可基于当前的 AI 生成界面进行更加深入、具体的描述，生成高保真界面效果。

例如下图的 MiniGPT-4Demo，可通过识别用户手写 UI 草图意向，自动生成可在前端运行的 HTML 代码，"传统的低保真—高保真 UI 设计"在这个 MiniGPT-4 加持的工作流下被初步替代，虽然基于目前生成的 HTML 的前端还原效果距离传统以人工为主导的开发效果还有一定差距，

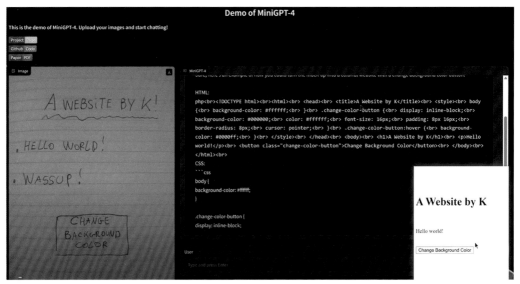

▲ 图 4-89　MiniGPT-4 产品功能：基于草图文本生成 HTML 代码
（资料来源：MiniGPT-4 产品界面 https://minigpt-4.github.io/）

但 AI 初步展现的多模态的内容生成能力着实令人震撼。可以预见的是，未来基于 AIGC 跨模态之间的转换可以产出各种多样性的工作流创新组合，并为尽可能多的场景提供生成式 AI 服务。

三、短时性活动设计

互联网产品的风格具有时效性，时常需要与节庆、主题活动结合并呈现出与以往不同的视觉效果，以谷歌等搜索网页为例，谷歌经常会为不同的特殊日子和节庆更换其网页界面 Logo（标志）。比如每年的圣诞节、情人节、国际儿童节等重要日子，谷歌都会在其主页上更换相应的 Logo，从而展现其对于这些节庆的关注和尊重。此外，谷歌也会在一些大事件发生或者重大发现出现之际更换 Logo，以表纪念或者庆祝。这种与节庆紧密结合的设计方式，既能够提升用户的互动性和参与感，也能够表达出品牌对于不同文化和价值观的尊重和关注。通过这种方式，谷歌的网页 Logo 不仅是一个品牌标识，更是一个与用户互动的媒介，使得用户能够更好地与品牌产生情感共鸣。在此类场景中，AI 绘画可以为设计师快速提供更多的设计可能性和创意思路，让设计师在较短的时间内获得大量的创意和设计灵感，从而更快地为不同产品提供符合其品牌形象和用户需求的设计方案。

❶ 李馨婷 . 不只满足探索欲，这家初创公司将 AI 制图引入跨境电商产业 [N/
OL] . 财 经 头 条 .（2022-11-03）［2023-06-13］.https://t.cj.sina.com.
cn/articles/view/5182171545/134e1a99902001ftuw?finpagefr=p_104.

❷ Joon Sung Park, Joseph C. O'Brien, Carrie J. Cai， 等 .Generative
Agents: Interactive Simulacra of Human Behavior［G/OL］.arxiv.（2023-
04-07）［2023-06-13］.https://doi.org/10.48550/arXiv.2304.03442.

❸ 武超则，杨艾莉，杨晓玮，等 . 游戏行业专题报告：AIGC 技术发展 + 政
策 修 复 双 击 [R/OL] . 百 度 .（2023-02-07）［2023-06-13］.https://
baijiahao.baidu.com/s?id=1757157261376049052&wfr=spider&amp
;for=pc.

❹ Stanislas Chaillou. ArchiGAN: a Generative Stack for Apartment Building
Design［Z/OL］.Navidia Developer.（2019-07-17）［2023-06-
13］.https://developer.nvidia.com/blog/archigan-generative-stack-
apartment-building-design/.

❺ Yuzhe Pan, Jin Qian, Yingdong Hu.A Preliminary Study on the Formation
of the General Layouts on the Northern Neighborhood Community Based
on GauGAN Diversity Output Generator［J/OL］.Springer,Singapore.
（2021-01-29）［2023-06-13］.https://doi.org/10.1007/978-981-33-
4400-6_17.

❻ Mastergo.MasterGo AI 实 验 室 来 了， 让 AI 赋 能 数 字 界 面 设 计 师！
［Z/OL］.（2023-03-28）［2023-06-13］.https://mastergo.com/
blog/69?MasterGo%20AI%20%E5%AE%9E%E9%AA%8C%E5%AE%A4
%E6%9D%A5%E4%BA%86%EF%BC%8C%E8%AE%A9%20AI%20%E8
%B5%8B%E8%83%BD%E6%95%B0%E5%AD%97%E7%95%8C%E9%9-
D%A2%E8%AE%BE%E8%AE%A1%E5%B8%88%EF%BC%81.

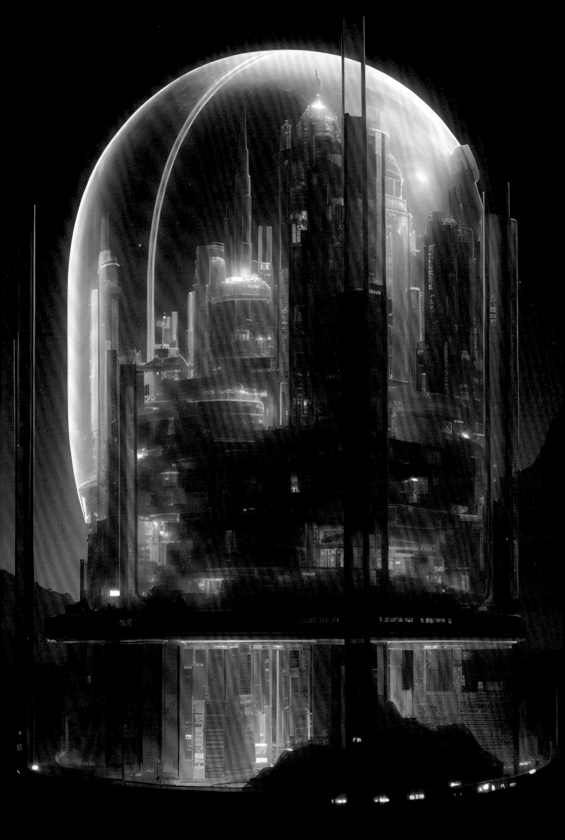

AIGC 设计创意新未来

第五章
AI 绘画的生态建设

对新的对象务必创出全新的概念。

——亨利·柏格森（Henri Bergson），法国哲学家，
1927 年诺贝尔文学奖获得者

AI 绘画自诞生以来不断吸引着来自各界的目光和关注，包括工程师、极客、艺术家、插画师、互联网从业者、高校学生及科研院所团队等。随着底层模型的不断优化，AI 绘画产出的效果愈发惊人，功能愈发强大，应用范围也在探索中被来自各行业的开拓者们逐步明确。一个较为显著的趋势是，AI 绘画正在逐渐成为部分行业的底层创意基础设施，潜移默化地融入日常创意创作的工作流程中。因此，构建良好的、可持续的 AI 绘画生态，并高效、系统地赋能到每一个有需求的场景中，是一个需要群策群力的长期过程，这离不开众多利益相关者的协同创新，也同样离不开构建生态建设基础的三驾马车: 算力、模型及产品的不断发展与落地。

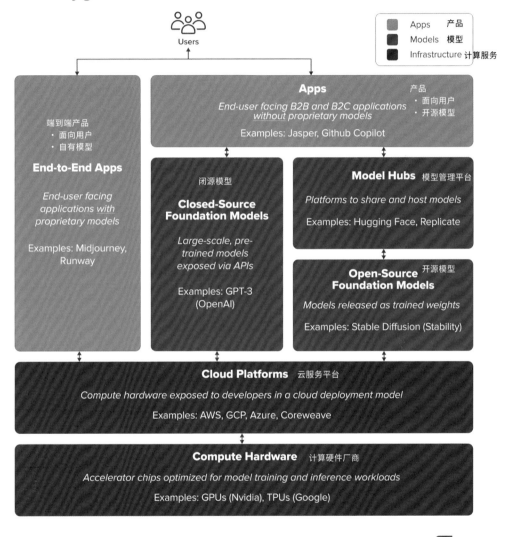

Preliminary generative AI tech stack

Users

Apps　产品
Models　模型
Infrastructure 计算服务

Apps 产品
End-user facing B2B and B2C applications
without proprietary models
Examples: Jasper, Github Copilot

· 面向用户
· 开源模型

端到端产品
· 面向用户
· 自有模型

End-to-End Apps

End-user facing
applications with
proprietary models

Examples: Midjourney,
Runway

闭源模型

Closed-Source
Foundation Models

Large-scale, pre-
trained models
exposed via APIs

Examples: GPT-3
(OpenAI)

Model Hubs 模型管理平台

Platforms to share and host models

Examples: Hugging Face, Replicate

Open-Source 开源模型
Foundation Models

Models released as trained weights

Examples: Stable Diffusion (Stability)

Cloud Platforms 云服务平台

Compute hardware exposed to developers in a cloud deployment model

Examples: AWS, GCP, Azure, Coreweave

Compute Hardware 计算硬件厂商

Accelerator chips optimized for model training and inference workloads

Examples: GPUs (Nvidia), TPUs (Google)

a16z Enterprise

▲ 图 5-1　AI 绘画生态体系

第 1 节 ／ 算力——AI 大厦的基石

一、GPU 硬件

在人工智能正逐步影响世界的时代，算力是一切 AI 任务（包括 AI 绘画）的基石，而提到算力，就不得不提到 AI 大厦的基础——硬件。

在 AI 任务的语境下，硬件一般指 GPU（图形处理器，Graphics Processing Unit），它被视为深度学习的基石。GPU 和 CPU（核心处理器，Core Processing Unit）在计算能力和处理任务方面有很大的区别：CPU 足够灵活，可以处理不同类型的复杂任务；与 CPU 相比，GPU 的优势在于拥有大量简单的核心，可以通过并行计算同时处理成千上万个线程。GPU 相对于 CPU 在 AI 计算中有明显的优势，这主要表现在以下几个方面：

1. 并行计算能力：GPU 的最大优势在于其强大的并行计算能力。相比于 CPU 的核心数量通常在 4 到 64 之间，GPU 的核心数量可以达到数千个。在处理矩阵运算、向量运算等简单计算任务时，GPU 可以将这些任务分配到大量的核心进行同时处理，从而极大地提高了计算速度。

2. 浮点运算性能：在 AI 领域，尤其在深度学习任务中，浮点运算是非常关键的部分。GPU 相较于 CPU 具有更高的浮点运算性能，因此 GPU 在执行 AI 任务时能够更快地进行计算。

3. 存储器带宽：GPU 的存储器带宽往往比 CPU 更高，这意味着 GPU 能够更快地在处理器和内存之间传输数据。对于 AI 任务而言，尤其是在深度学习中涉及大量数据和参数的情况下，高存储器带宽有助于提高整体的计算效率。

4. 专用硬件优化：随着 AI 技术的发展，越来越多的 GPU 厂商开始针对 AI 应用进行专门的硬件优化。例如，NVIDIA 推出了针对深度学习的专用计算平台 CUDA，以及针对 AI 计算的 Tensor Core 硬件。这些专用硬件在处理 AI 任务时能够大幅提高性能。

综上所述，GPU 在计算、存储以及硬件等方面相较于 CPU 具有明显的优势。在 AI 领域，尤其是在深度学习等计算密集型任务中，GPU 能够大幅提高计算速度和效率，从而缩短模型训练和推理的时间。

过去一年，凭借 AIGC 的东风，硬件厂商赚得盆满钵满。在 AI 硬件厂商中，英伟达（NVIDIA）凭借高性能 GPU 和以 CUDA 为代表的 AI 计算平台占据了 AI 处理器头把交椅，其市值也是水涨船高；其他厂商如国外的 Intel、AMD、谷歌，国内的华为、阿里、寒武纪、旷视科技都推出了针对 AI 任务的硬件设备。随着 AI 技术的发展和其愈加广阔的应用前景，越来越多的企业将投入到 AI 芯片和处理器的研发和生产中。

二、云服务平台

除了硬件，云服务平台也是 AI 算力基础设施的重要一环。云服务平台就像一个大型的便捷工具箱，它位于互联网上，可以帮助人们在云端完成各种任务，而不需要自己购买昂贵的 GPU 设备和相关软件。这个工具箱提供了许多强大的工具和功能，让我们能够更轻松地使用存储、计算等能力来完成 AI 任务。从成本、灵活性、可扩展性、运维和技术支持等多个方面，云服务平台都有其存在的价值，具体而言主要体现在以下几个方面：

1. 成本收益：购买和维护自有硬件需要大量的初始投资，包括硬件、设施以及人员成本等。而使用云服务平台，企业只需按需支付使用费用，无须进行大量的前期投资。云服务平台通常提供按需计费、预留实例等多种计费方式，有助于降低企业的总体成本。

2. 灵活性与可扩展性：云服务平台具有很高的灵活性和可扩展性。企业可以根据业务需求快速调整计算资源。例如：在需要进行大量计算的时候，企业可以快速扩展计算资源以满足需求；而在业务需求减少时，可以迅速缩减资源，以减少成本。相比之下，自建硬件则需要更长的时间来调整和扩展，灵活性较差。

3. 运维与维护：云服务平台会为企业提供基础设施的运维和维护工作，使企业能够将更多精力投入到核心业务上。自建硬件需要企业自行负责硬件故障、安全更新、软件升级等问题，这会增加企业的运维成本和人力投入。

所以现在绝大部分 AI 企业都需要基于云服务平台来完成 AI 计算任务，我们所熟知的 Stable Diffusion、ChatGPT 都是在微软旗下的 Azure 云服务平台完成模型训练。目前国外主流的云服务平台包括亚马逊旗下的 Amazon Web Services（AWS）、微软旗下的 Azure、谷歌旗下的 Google Cloud Platform（GCP）；国内主流的云服务平台包括阿里云、腾讯云、百度云、华为云等。

第 2 节 / 模型——AI 绘画动力之源

　　生成图像的 AI 模型，如 GAN、Disco Diffusion 出现得很早，但都因为能力受限、效果欠佳，并没有得到广泛的关注，直到更强大的 Stable Diffusion 模型出现，才掀起了这一波 AI 绘画的浪潮。可见，模型直接为 AI 绘画的能力和生成效果负责，决定了 AI 绘画可能的应用范围和能力天花板，是 AI 绘画的动力之源。

　　在介绍模型相关生态之前，我们可能要先认识一下"模型"，本书已经提到了很多模型，如 AI 绘画模型 Stable Diffusion、AI 语言模型 ChatGPT，那究竟什么是"模型"？举个例子，假如我们希望训练一个 AI，用于识别任意宠物是否是柴犬。首先，我们可以对任意宠物的"毛色、尾巴、体重"分别给一个 0~100 的评价分数：比如毛色越接近黄褐色的分数越高，尾巴越卷的分数越高，体重在 20~30 斤的分数越高；然后，给 AI 看大量宠物的数据，并告诉 AI 哪些是柴犬；最终，AI 学会综合"毛色、尾巴、体重"这三个维度的分数给一个总分来判断，比如"毛色得分 ×20%+ 尾巴得分 ×50%+ 体重得分 ×30%= 总分"，总分超过 60 分的就是柴犬。上述例子中，基于"毛色、尾巴、体重"这三个维度来判断柴犬的逻辑就是一个"模型"，给 AI 看大量宠物数据的过程是"模型训练"，而最终 AI 学习到的 20%、50%、30%、60 分这些重要的参数就是"模型权重"。

模型可以分为开源模型和闭源模型两大类，前者的生态中还包括支持模型存储、分享的模型管理平台，这些概念将在本节逐一介绍。

一、开源模型

在 AI 领域，开源模型指模型、参数都公开可获取的人工智能模型。人们可以免费使用、学习、修改和分享开源模型，用于开发各种应用和服务。开源模型在 AI 领域具有重要的意义和价值，具体来说可分为以下几点：

1. 知识普及与传播：开源模型让更多的人有机会接触到先进的 AI 技术，提高了大众对人工智能的认识和理解，促进了知识的传播和普及。

2. 降低技术门槛与成本：开源模型使个人和企业能够在较低的成本下使用和开发 AI 技术。相比于商业模型，开源模型可以降低技术门槛，让更多的人和组织能够应用 AI 技术解决实际问题。

3. 创新与优化：开源模型允许人们对现有技术进行改进和优化，进一步推动技术的发展。开发者可以在开源模型的基础上进行创新，实现更高效和精确的应用。

只介绍概念可能不好理解，我们还是以前述的"柴犬 AI"为例，如果将其算法逻辑、模型权重都向公众开放，那它就是一个开源模型。由于大家都能直接使用这个开源 AI，可能有人用它来识别柴犬，有人把它优化后用来识别豆柴（柴犬的一个品种），宠物行业会因此大大受益；此外如果某人发现该模型不够准确，不能识别黑色的柴犬和超过 30 斤的胖柴犬，需要额外通过"是否撒绳"这个维度去判断，那他可以非常方便地在开源"柴犬 AI"的基础上去优化模型。

另一个现实的案例是 AI 绘画开源模型 Stable Diffusion，其模型权重可以小到 2GB，在任何个人消费级电脑上就能使用，已经被数十万开发者下载并使用，基于该模型的微调训练模型、AI 绘画产品不胜枚举，国内仅 AI 绘画微信小程序就有上百个。

综上所述，开源模型促进了知识的传播，降低了技术门槛和成本，推动了更广泛的技术创新，为整个 AI 领域的发展作出了重要贡献。

二、模型管理平台

开源模型鼓励来自不同领域的开发者、研究者和企业相互合作，分享经验和资源，共同推动 AI 技术的发展，模型管理平台应运而生。顾名思义，模型管理平台就是允许用户上传、存储和分享模型的平台。一个良性运转的模型管理平台可以集合众多模型和数据资源，促进 AI 模型的持续发展和完善。

国外主流的模型管理平台包括 Hugging Face、Replicate 和 CivitAI。Hugging Face 提供给用户构建、训练和部署基于开源代码和技术的机器学习（ML）模型的工具。同时，它也是一个广泛的社区，数据科学家、研究人员和机器学习工程师们可以在这里分享想法、获得支持和参与开源项目。Replicate 让用户可以在云端运行他人或自己发布的 AI 模型并通过 API 访问。CivitAI 则是聚焦在 Stable Diffusion 及相关模型的管理平台，收录了来自 250 多位开源贡献者提供的 1 700 多个模型。

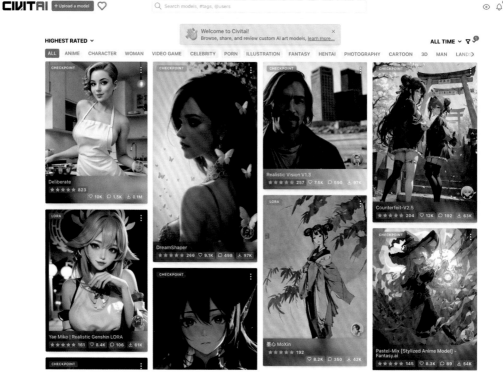

▲ 图 5-2　CivitAI
（资料来源：CivitAI https://civitai.com/）

三、闭源模型

　　出于商业、安全等方面的考虑，一些模型并不会开源，而是通过网页、APP 或 API 的形式提供服务，我们称这样的模型为"闭源模型"。知名的闭源模型有 OpenAI 旗下的 AI 绘画模型 DALL·E、文本对话模型 ChatGPT，在效果上独树一帜的 AI 绘画模型 Midjourney 等。

　　开源模型和闭源模型两者孰优孰劣并无定论。闭源模型通常需要付费使用，提供模型的公司可以从中获取丰厚利润，以推动公司继续研究和开发更先进的技术，但这可能会限制一些用户（尤其是个人用户和小公司）使用这些模型。此外闭源模型的开发和改进通常受限于公司的资源和技术，与开源模型相比，闭源模型可能在创新和技术进步方面落后。比如闭源模型 Midjourney 在持续提升其生成效果，但诸如四方连续、Controlnet 等强大的 AI 绘画功能都是首先基于 Stable Diffusion 开源模型提出的。

第 3 节／产品——AI 绘画驱动引擎

一、产品、模型和算法

无论是 Open AI 旗下的 DALL·E，还是开源模型 Stable Diffusion，本质上都是以可以产出优秀效果的底层模型作为支撑。如果把 AI 绘画行业类比为汽车行业，那么模型和数据是燃料，产品则是发动机，直接带领用户向前。我们在产品研发过程中，针对用户需求不断试错、迭代，得出以下经验：模型和训练数据决定生成效果，是 AI 绘画的动力之源；而产品决定用户价值，是 AI 绘画的驱动引擎。

▲ 图 5-3　产品是 AI 模型的发动机
（资料来源：Nolibox 生成）

有好的模型和数据，需要好的产品才能发挥模型能力。相信读者还记得，作为开源模型代表的 Stable Diffusion，是市面上绝大多数 AI 绘画产品的基础模型，基于 SD 模型所衍生出的 AI 绘画产品，在形态上可谓"百花齐放"，这些差异化的 AI 绘画产品给不同领域、不同需求的用户带来了巨大的价值。

1. 主流"发动机"产品形态现状

当前，比较流行的 AI 绘画软件主要有三个，分别是：Stability.AI 公司的 Stable Diffusion、OpenAI 公司的 DALL·E3，以及更为大众所熟知的 Leap Motion 公司创始人大卫·霍尔兹（David Holz）创立的 Midjourney。这些产品大多数是基于服务不同的客群，来提供具有倾向性的产品形态。目前 AI 绘画产品的交互形态正在迅速演变，并且已经形成了一些主流的交互模式，我们梳理出以下几种产品形态：

Gradio / WebUI 式交互

Midjourney（Discord 社区式）

Adobe PS / Figma 专业软件插件式

其他产品交互形式

Gradio / WebUI 式交互

这种交互模式以用户友好的网络界面为特点，通过简洁直观的图形用户界面（GUI）提供服务。用户可以通过上传图片、输入文本或调整滑动条等方式与 AI 交互，从而生成或修改图像，这也是目前全球 AI 绘画产品的主流形态。最具有代表性的产品如 Stable Diffusion Web UI，以非常"直白"的 Web UI 形态"粗旷"地呈现给用户。SD Web UI 基于其解耦性支持更多样化的功能参数调整，极大地增强了产品的可玩性并

▲ 图 5-4　Stable diffusion WebUI
（资料来源：Github-AUTOMATIC1111/stable-diffusion-webui ）

▲ 图 5-5　Dream studio 产品形态
（资料来源：Dream Studio ）

提高了产品能力的上限，但也因此造成了相较于其他封装较为成熟的同类 Web UI 产品，其使用门槛较高，如整合进 ChatGPT-4 的 DALL·E3、Dream Studio 等

Midjourney（Discord 社区式）

这种产品形式利用社区平台如 Discord 来提供 AI 绘画服务。用户在特定的频道或对话中输入命令，AI 响应并生成图像。这种产品形式初次注册及调试的过程非常繁琐，尤其是对于习惯手机号"一键登录"的用户来说，优点是社区互动性强，用户可以分享创作、讨论和获得多样化的灵感及海量的提示词。

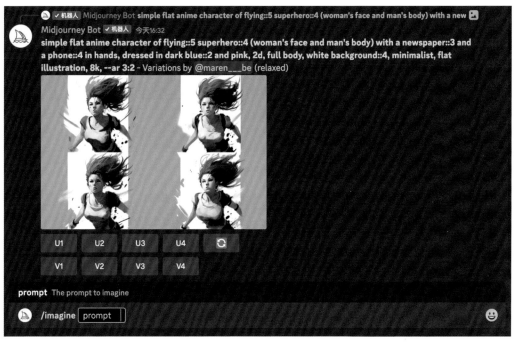

▲ 图 5-6　Midjourney
（基于 Discord 的产品模式）

Adobe PS / Figma 插件式

作为专业级设计软件的"插件"也是目前 AI 绘画主流产品形态之一，在这种模式下，AI 绘画功能被集成为像 Adobe Photoshop 或 Figma 这样的

专业图像编辑和设计软件的插件。用户可以在熟悉的软件环境中直接利用 AI 功能，提高创作效率和创造力，这种集成方式使得 AI 绘画工具成为设计和编辑工作流的一部分。由于插件形态的灵活性，专业软件可基于原有的各类操作功能的特点，选择与合适的 AI 图像生成巧妙结合，例如 Photoshop 集成了 AI 图像外延功能、局部替换功能等，极大地增强了原产品的创作体验及市场竞争力。

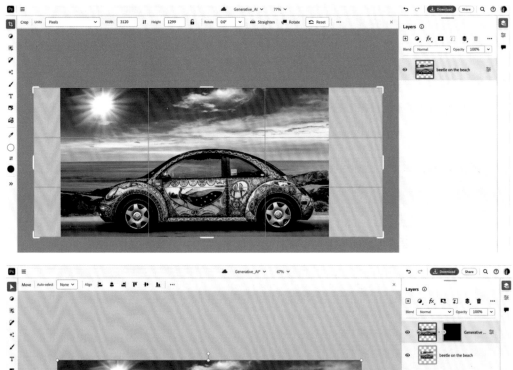

▲ 图 5-7　Adobe Photoshop 中使用由 Firefly 提供支持的生成式 AI 功能
（资料来源：Adobe 官网）

其他产品交互形式

移动应用： 一些 AI 绘画工具作为移动应用提供，便于随时随地进行创作。

语音控制： 利用语音命令与 AI 进行交互，适合无法使用传统输入设备的场景。

AR/VR 集成： 将 AI 绘画技术与增强现实或虚拟现实技术结合，提供沉浸式创作体验。

自动化脚本： 对于需要大量重复创作的场景，可以通过编写脚本实现 AI 绘画的自动化。

2. Nolibox 画宇宙的发动机——面向专业工作流的"无限画板"产品交互形态

无限画板的交互方式将 AIGC 功能集成为设计生产力

"狐假虎威"水彩插画

创作一张成语"狐假虎威"的插画
用于制作少儿成语绘本
水彩画风格

无限画板
→
5 分钟

1. 文本生成图片

输入文本：
一只狐狸坐在森林中，水彩

2.图像外延，扩展画布

操作：
拓展画布，拉伸外延空间

3. 智能补全背景

操作：
输入外延内容"森林"

4. 绘制区域，局部替换

输入文本：
"老虎行走在森林里"

5.最终结果

下载图片
"狐假虎威"水彩插画

▲ 图 5-8　通过画宇宙工作站制作"狐假虎威"绘本插画的过程

以上的 AI 绘画产品大多面临一个尴尬的问题，即"AI 创作很难一步到位，总有让人不满意的地方。基于直接生成内容的解决方案，并不能完成专业的设计创作"。让设计创作内容可以被持续编辑和优化，是专业 AI 设计生产工具的基本要求。因此，集成多样化能力的 AI 模型与无

▲ 图 5-9　Nolibox 画宇宙——面向专业工作流的"无限画板"产品交互形态

限创作画板相结合，或许可为专业设计创作者解决"生成方案难以迭代和落地的问题"，无限画板让创意可被持续编辑。Nolibox 画宇宙致力于为整个 AI 绘画和创意领域提供专业场景模型及产品侧基础设施。

二、可持续的 AI 创作产品形态——赋能真实设计创意生产力

一个成功的 AI 绘画产品不仅要持续创造商业价值，还要不断迭代创新以服务更多用户。因此，建立一个相对完善的、可持续的商业模式至关重要。目前，AI 绘画产品面临的最大问题是，它们更多地被视为娱乐工具而非生产工具。这导致虽然用户流量不错，但难以产生持续的收益，因为个人用户不太可能为了生成一张有趣的插图或头像而持续付费，尤其是在中国市场，除非你的产品能帮助用户创造收入或降低成本。那么，利用 AI 来解决设计创意产业中的专业工作需求，帮助相关企业、设计创意领域从业者进行降本增效或许是一条不错的路径。

AI 绘画产品要解决来自产业的专业的设计创意生产需求，必须超越仅作为"娱乐化生成图像"的定位。但专业设计场景对精准性和低容错率的要求，意味着这些 AI 绘画产品不能仅仅在开源模型上"套壳"，而是要结合不同专业设计环节的需求研发新的创新功能。而这就需要 AI 产品的研发者对"一线从业者"及"该产业工作环节"有深刻理解，才能结合 AI 文生图技术能力边界判断哪些功能是值得做的。至此，我们完成一个打造成功 AI 绘画产品的闭环，即通过需求倒逼技术的转化及产品的设计，而不是拿着锤子找钉子。

结合一些行业观察，我们发现特别是在以技术为核心的科技创新初创企业中，这种现象尤为突出。这些公司可能过度专注于某些技术的标杆性，从而忽视了市场的需求，理所应当地觉得"我这么前沿的黑科技，

▲ 图 5-10　AI 创作产品 × 创意生产力

一经推出铁定引爆市场"。这就像是"拿着锤子找钉子"的情况，即过度专注于自己的解决方案或技术，而没有充分考虑这些解决方案是否真正解决了用户的问题。他们可能在技术上取得了突破，但这些技术如果不能满足用户的实际需求，那么产品则会陷入"无人使用，无人买单"的窘境。

第五章
参考文献

❶ Wikipedia.Graphics processing unit［Z/OL］.（2023−06−13）
［2023−06−13］.https://en.wikipedia.org/w/index.php?title=Graphics_
processing_unit.

❷ Wikipedia.Open source［Z/OL］.（2023−06−13）［2023−06−10］.
https://en.wikipedia.org/wiki/Open_source.

AIGC 设计创意新未来

第六章
AI 绘画的思辨及未来

成功创造人工智能会是人类历史上最大的事件。不幸的是，也可能是最后一次，除非我们学会如何规避风险。

——史蒂芬·霍金（Stephen Hawking），理论物理学家

第1节 / AI 绘画的风险与监管

随着 AI 绘画的火爆，其背后的版权问题一直众说纷纭：AI 绘画生成的图片有版权吗？ AI 绘画作品的版权归谁？由于 AI 的发展速度超过了法律的预设，这些问题目前还处于模糊地带，因此我们通过分析法律规定和具体案例进行分析和论证。

一、AI 绘画算"作品"吗？

我国《著作权法》保护的是"作品"，即"文学、艺术和科学领域内具有独创性并能以一定形式表现的智力成果"。AI 绘画作品看似是算法生成而非人工创作，但 AI 画作背后的算法却是算法工程师智慧的结晶和人类思想的延伸，明显属于一种独创性的人类思想表达形式，而且指引 AI 生成作品的"提示词"其实已经是人类创作的体现，就像写作一样，每个字都不是笔者发明的，而是通过某种思想对字进行组合，组合创新也是一种创新，因此 AI 绘画构成"作品"。

这一判断可以参考 2019 年"腾讯诉网贷之家著作权侵权案"，在这次案件中，网贷之家网站"抄袭"了腾讯新闻网站上一篇由写作 AI Dreamwriter 软件创作的文章。人工智能写的文章是否被视为法律意义上的"作品"呢？根据法院的判断，这需要判断文章是否具有独创性，也就是说，这篇文章是否是由 AI 独立创作并与已有文章有所不同或有创造性。此外，还需要分析文章生成的过程是否体现了创作者的个性化选择、判断和技巧等因素。根据对涉案文章的外在表现形式和生成过程的分析，法院认为，这篇文章属于法律上的"作品"，受到著作权法的保护。

二、AI 绘画作品的版权归谁?

《著作权法》第二条规定"中国公民、法人或者非法人组织的作品，不论是否发表，依照本法享有著作权"。AI 并不属于公民或组织，因此 AI 本身并非作品的作者。

但《著作权法》第十一条规定"由法人或者非法人组织主持，代表法人或者非法人组织意志创作，并由法人或者非法人组织承担责任的作品，法人或者非法人组织视为作者"。因此只要承担作品的责任，AI 算法开发者就是 AI 作品版权的所有者。这一结论在 AI 文章创作领域已有先例，同样在"腾讯诉网贷之家著作权侵权案"中，根据法院的判断，涉事文章是由腾讯多团队、多人分工共同完成的整体智力创作，体现了创作者的需求和意图，是一个法人作品，因此法院裁决 Dreamwriter 软件创作作品的著作权归腾讯公司所有。

就 AI 绘画领域而言，国内法律是否保护 AI 绘画作品的版权还尚无定论，但在大洋彼岸的美国已经有了权威判定。2023 年 2 月，美国版权局对一本漫画中人工智能创作的图片是否有版权保护进行了裁决。这本名为《黎明的查莉娅》（Zarya of the Dawn）的漫画使用了 Midjourney 创作了一些图片。

艺术家克里斯·卡什塔诺娃（Kris Kashtanova）编写了《黎明的查莉娅》的文字内容，Midjourney 根据提示语生成了漫画中的图片。然而，美国版权局认为，这些由 Midjourney 生成的图片不应该被授予版权保护，因为"Midjourney 的输出结果是用户无法预测的，从版权的角度看，与艺术家使用其他工具比较，Midjourney 有明显不同"。

美国版权局在一封公开信中表示，《黎明的查莉娅》的作者克里斯·卡什塔诺娃应该获得漫画中她自己创作的文字和图文排版部分的版权保护，但 Midjourney 生成的图片不应该获得版权保护。美国版权局将重新发布《黎明的查莉娅》的注册证书，以删除"不是人类作者创作的"图片。同时美国版权局明确表示，如果一个艺术家对像 Midjourney 这样的生成图像工具施加了创造性的控制，那么这些工具生成的图像也可以受到版权保护。

在美国版权局的认定逻辑中，人类创作者是否对 AI 绘画工具施加了具体的控制，而非用 AI 绘画工具"开盲盒"，是 AI 绘画作品能否受到版权保护的关键。这是美国权威机构首次就 AI 绘画作品的版权保护范围做出裁定，也是在 Midjourney、DALL·E 和 ChatGPT 等生成式人工智能软件迅猛发展的背景下做出的判决。

三、各平台对 AI 绘画的版权如何规定

不同平台对版权的规定各不相同，其中大概可分为几大派系：

CC0 派： 生成的图片是 CC0 授权，作品版权并不由用户独享，所有人都可以将作品用于任何用途，代表平台是画宇宙、Dream Studio、即时设计。

佛系派： 平台不给用户授权，用户需自行去版权局注册版权才能保证拥有自己作品的版权，代表平台是 NightCafe。

用户派： 生成的图片版权归（付费）用户所有，其他人不能商用，代表平台是 Midjourney、造梦日记。

平台派： 生成的图片版权归平台所有，其他人不能商用。

其实，国内很多平台都是基于 Stable Diffusion 开源模型做封装，但遵守开源模型规定的少之又少。画宇宙始终遵守版权 CC0 协议，主张"取之于开源，用之于开源"，只要用户有算力，就可以永久免费使用画宇宙。画宇宙采用的版权规定也尽可能遵照 Stable Diffusion 官方规定，下面以画宇宙为例介绍一下这一类平台有关 AI 绘画版权的说明。

首先，使用"画宇宙"生成的图片遵循 CC0 1.0 协议。也就是说，该协议规定产生的作品版权并不由创作者独享，所有人（包括创作者在内）都可以用它做任何用途使用，包括商业用途，但创作者无法直接出售它的版权。需要注意的是，在使用"画宇宙"等 AI 绘画平台生成图片时，有两种情况要格外慎重：一是应用某个具体画家的风格生成出来的图片，其画风可能和这名画家较为相似，由此可能会引起潜在的争议；二是当生成图像中包含其他品牌商标或公众人物形象，可能会侵犯他人商标权或肖像权。因此，在将 AI 绘画生成的图片用于商业目的时，要谨慎处理，以避免法律风险和纠纷。

其次，关于版权归属，用户可以自愿用 AI 生成的图片向当地版权机构登记版权，但一般来说不能规避版权纠纷，因为我国著作权登记制度采取自愿登记方式，并不对作品进行实质性审查。

最后，如果用户在自己的电脑或服务器上部署"画宇宙"或者其他开源 AI 模型生成的图片，最好也采用 CC0 1.0 协议，但"画宇宙"不做强制要求。最终对外如何授权由用户自行定义，收益自享、风险自担。

四、AI 绘画是否可能侵权

尽管前文提到，画宇宙等平台的 AI 产出图是 CC0 1.0 授权，任何人可以以任何方式使用，但如果创作者不加约束随意使用，肯定会涉嫌侵权。

▲ 图 6-1　左上图为北宋王希孟创作的绢本设色画《千里江山图》，其余 3 张为画宇宙 AI 生成（资料来源：https://creator.nolibox.com/）

下面我们试举几个案例说明什么情况下的 AI 绘画作品涉嫌侵权。

　　下面的《千里江山·五岳图》系列作品系由 AI 生成,其画风、笔触与《千里江山图》非常接近,这是否涉嫌抄袭呢? 实际上"思想与表达二分法"是版权法的基本原则,画风、艺术规律是思想,画作内容是"思想的表达"。在判断人工智能绘画是否构成侵权时,需要考虑其"表达"部分是否与原著作品相似。如果 AI 绘画只是在"思想"方面参照了原著作品,但在"表达"方面与原著作品有较大的区别,那么它就不构成侵权行为。《千里江山·五岳图》并没有机械地照搬、拼接和组合《千里江山图》,所以就算王希孟在世,也很难告这个系列作品侵权。

▲ 图 6-2　图左为凡·高自画像,图右使用 AI 绘画"图像外延"功能生成
(资料来源:https://creator.nolibox.com/)

依据同样的原则，我们可以评判一下 AI 创作的《凡·高·打麻将·自画像》。其画作中间头像部分跟凡·高《自画像》不能说是毫无关系，只能说是一模一样。如果凡·高在世，他可直接告创作者抄袭。

那基于"思想与表达二分法"，只学习艺术家的思想是不是万事大吉了呢？下方右图是 AI 基于莫奈的印象主义"思想"创作的《印象·汉堡》。AI 很厉害，连右下角莫奈署名都学会了，被人看见恐怕会不由称赞一声"莫奈在世"。然而，AI 模仿特定画家作画并假冒其署名，或者虽然没有直接署名但误导公众相信其画作是该特定画家的作品的，这些行为都将侵犯作者署名权，并可能同时损害公共利益。

我国《著作权法》规定"作品的作者享有署名权，任何单位或者个人利用其作品时，应当标明作者姓名"，因此，人工智能生成的画作，如果存在伪造署名的情况，可构成对原创作者的版权侵权。虽然人工智能的开发者或使用者可能没有恶意，但是误导公众相信画作是特定画家的作品也可构成版权侵权。

▲ 图 6-3　图左为莫奈《干草堆》，图右为 AI 绘画"垫图生成"功能生成的图片
（资料来源：https://creator.nolibox.com/）

基于 AI 强大的学习能力，只需要交给 AI 某人的几张照片，就能让 AI 认识此人并生成其不同图像，比如下面这套《马·牛魔王·斯克》。如果 AI 绘制某人的肖像，但未经该人同意或未经法律授权，则毫无疑问

涉嫌侵犯他人肖像权。因为肖像权是自然人的人格权之一，自然人享有制作、使用、公开和许可他人使用自己肖像的权利，用 AI 绘制某人肖像并公开使用前需要得到该自然人的同意或法律授权。

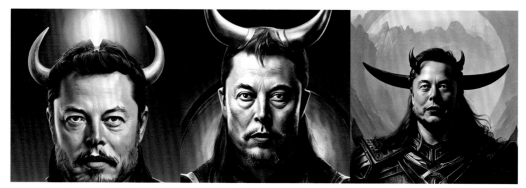

▲ 图 6-4　马斯克肖像
（资料来源：https://creator.nolibox.com/）

基于 AI 绘画的学习能力，我们看到 AI 在广告创意领域有诸多应用，比如这套《太空汉堡店》系列创意作品，非常巧妙地融合了麦当劳的商标。但如果直接使用这个系列作品可能涉嫌侵犯商标权，因为商标权的核心是区分力，也就是让公众能够通过商标标识来识别商品或服务的来源，从而保证商业活动的公平竞争。如果 AI 绘制的 logo 与麦当劳商标相似或相同，就可能导致公众混淆，不知道该商品或服务的来源，从而影响商标的区分力。

▲ 图 6-5　太空汉堡店
（资料来源：https://creator.nolibox.com/）

回顾本节的内容，尽管 AI 绘画在数字内容创作等领域中有着广泛的应用和发展，但其涉及的法律和伦理问题也在不断引发争议和讨论。对于判断 AI 绘画是否构成侵权，需要基于版权法中"思想与表达二分法"的基本原则来评判。另外，在使用 AI 绘画时，需要严格遵守相关法律法规和伦理标准，如不侵犯肖像权、商标权等。虽然 AI 绘画技术的发展给创作带来了更多可能性，但也需要更加注重艺术伦理和法律规范，才能推动其更为健康有序的发展。

五、AI 绘画是把双刃剑

AI 绘画能够将想象力无限放大，创造出让人叹为观止的艺术作品。然而，AI 绘画是把双刃剑，它在带给我们美好体验的同时，也存在一定的风险。

比如最近一些不法分子利用 AI 绘画技术生成逼真的美女图片，用于从事电信诈骗等非法活动。这些虚构的形象可能轻易地欺骗公众，使受害者在不知情的情况下上当受骗，这种行为已经引起了警方的关注。此外，基于上一小节的讨论，AI 绘画还可能制作出具有侵权性质的作品，侵犯

▲ 图 6-6　Chilloutmix 模型介绍页

（资料来源：https://civitai.com/models/6424/chilloutmix）

他人的知识产权。

因此，在享受 AI 绘画带来的便利和美感时，我们也应保持警惕，提高对网络安全风险的认识。同时，政府、监管机构和企业需要共同努力，加强对 AI 技术的监管，确保其在合法合规的范围内发挥作用。只有这样，我们才能在充分发挥 AI 绘画潜力的同时，避免其带来的负面影响。

六、来自数据的歧视

在人工智能的飞速发展中，AI 绘画模型为我们带来了无尽的创意和惊喜。然而，在这片看似美好的景象中，另一个问题也逐渐浮现出来：数据歧视。数据歧视现象可能会导致一系列相关争议及社会问题，随着越来越多国内外大模型的发布，在数据积累和收集的过程中，地域、民族、文化等因素可能会在不经意间影响模型的训练和表现。这使得我们不禁要思考：我们应如何确保 AI 绘画模型能够更加公平地对待不同背景和特点的用户？在创造高质量图片的同时，我们又如何避免潜在的偏见和歧视呢？

以时下最流行的 Stable Diffusion 为例，其训练的数据集是 LAION–5B，这个数据库拥有从互联网上抓取的 58 亿"图像—文本"数据，里面暗含着 AI 绘画模型鲜为人知的一面。

1. 英文是主导语言

LAION–5B 包含 23 亿英文描述数据，22 亿其他 100 多种语言的描述和 10 亿不好区分语言（比如姓名）的数据。很显然，AI 看得越多，生成效果越好，所以 Stable Diffusion 用英文描述生成图片效果最好。但这

▲ 图 6-7 文本生成图片

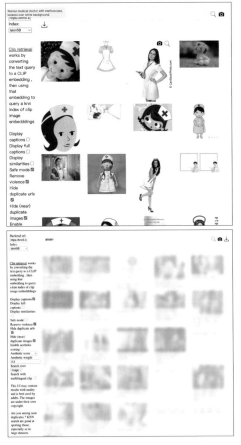

▲ 图 6-8 SD 训练数据集进行针对性检索
（资料来源：https://rom1504.github.io/clip-retrieval/）

也带来一个问题，其他语言地区的用户如果想实现最好的效果只能把提示词翻译成英文，而不能以自己最熟悉的语言与 AI 对话。

2. 性别、地域偏见

在 LAION-5B 中搜 nurse（护士），全是女性护士；搜 Asian（亚洲人），充斥的都是色情照片。可想而知 Stable Diffusion 生成的结果也差不多，不要因此责备 AI，它只是如实反映了西方互联网对世界的片面认知。

3. 西方文化占据主要话语权

LAION-5B 主要从西方互联网上搜集图片，这导致LAION-5B 中有大量与西方文化有关的图片，如"angel"（天使），而类似"女娲"等体现中国文化的图片则少之又少。可以预见的是，AI 可以轻易理解并生成天使、魔鬼之类的西方概念，而女娲、生肖、京剧等很多中国文化中的概念则不容易被生成。

总的来说，AI 绘画模型在为我们带来前所未有的艺术体验的同时，也暴露出了数据歧视这一难以忽视的问题，我们虽然理解产生该问题的客观原因，但为了确保公平和包容，我们必须正视这一挑战，并让AI 技术在"尊重地域、民族和文化多样性"的基础上发挥其潜力。在未来，我们期待看到更多相关企业和研究者们深

▲ 图 6-9 SD 训练数据集进行针对性检索
（资料来源：https://rom1504.github.io/clip-retrieval/）

入研究和解决这一问题。通过改进数据收集和处理方法，努力消除潜在的偏见，使 AI 绘画模型真正成为全人类共同的艺术宝藏。

第 2 节 ／ 从无限内容到无限创作空间

一、从单一模态到跨模态创意生成

在第二章关于 AI 绘画技术的详解中，我们曾提到过，AI 绘画的发展经历了"模仿—创作""对抗生成""条件生成"三个阶段。其中，第三个阶段的一个子研究领域——文本生成图像，由于 Stable Diffusion 模型的面世，掀起了这一波 AIGC 的浪潮。我们会看到，随着技术的成熟、数据的积累、算力的进步，学者们的目标也越来越宏大。从一开始单一模态也举步维艰（AE、VAE），到单一模态生成游刃有余（VQ-VAE、GAN、Diffusion），再到跨模态生成的突破，我们可以看到这么一个趋势：正如人类是一个高阶多模态处理器，我们开发的 AI 也越来越倾向于处理多模态的数据。可想而知，在不久的将来，我们的 AI 将会尝试进行更多的跨模态生成，这也意味着我们需要同时面对、管理和编辑各种模态的数据（文本、图像、音频等）。

这里就不得不提到一个最近的工作：有学者尝试利用"脑电波"这种模态的数据来生成图片，以往科幻作品中的"所思即所见"，在未来也许不再是一个遥不可及的技术。

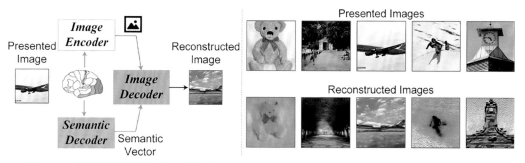

▲ 图 6-10　基于脑电波生成图片，右边两行图片上面一行是原图，下面一行是根据人类脑电波重构出来的图
（资料来源：https://sites.google.com/view/stablediffusion-with-brain/）

二、更加可控的创意内容生成方法

在第三章我们提到过，自从 ControlNet 问世以来，结构可控性问题已经基本得到解决；但即使如此，选择合适的参考结构图依然需要一定的管理能力。我们可能需要从海量的参考图中挑选出我们需要的一组参考图，然后批量生成并选出心仪的成品，这就需要我们拥有对海量图片进行分类、打标签、整理等操作的管理能力。同时可想而知的是，如果未来内容可控性也得到了解决，对这些图片的管理能力同样也会是重中之重。如果说技术提供了任务解决的可行性，这些产品能力则是将可行性转为真正的生产力工具的核心。

三、从娱乐化到专业化，从无限创作空间到无限创意

从 2022 年 AI 绘画火爆全球的初期，各种娱乐化的创新玩法一直是 AI 绘画的主流应用场景。上到抖音、Tiktok 推出的人物照片变插画功能，下到各类微信小程序、AI 绘画工具的"智能人像"功能，都能产出优质且有趣的生成效果。但喧闹之后，强大的 AI 绘画能力也逐渐淡出了广大

用户的视野。

　　我们一直坚信，AI绘画的巨大潜力不仅仅停留在"泛娱乐化的创意图像生成"环节，而是真正以新生产力的角色被赋能到设计创意生产全流程中，把无限的创意能力通过带来良好用户体验的交互载体给到每位创作者。但由于绝大多数设计创作者都拥有熟悉的工具软件及创作流程，AIGC该如何介入原有的工作流，让创作者快速掌握，甚至欣然接受呢？这需要回到两个问题上：

● 传统主流的设计创作流程、环节及方法

● AI 绘画（AIGC）在应用层面的能力及边界

　　在第四章介绍不同的行业应用创新中，我们就对不同行业的设计创作流程进行过完整拆解。专业设计场景的流程一般是相对复杂烦琐且严谨的，其工作流一般包括前期准备、中期发展、持续深入和后期生产等不同阶段，概念设计环节作用在设计的前期准备和发展阶段，是通过设计思维，发现设计问题，确定和具体化设计理念，并对设计概念进行可视化的过程。设计师在概念设计阶段一般会采用"先发散，再收敛"的方法，在概念方向的基础设定上进行创意发散，产生多组创意输出，在进行方案评价后，再进行概念聚焦，将最符合设计需求的方案进行概念细化和修改，最终得到意向方案和草图。

　　以工业设计领域为例，Nolibox目前正在和海尔创新设计中心共同构建国内首个面向专业场景的AIGC产品设计系统，以概念发散、概念聚焦、概念修改等环节为切入点，将AIGC技术引入工业设计的概念设计阶段。

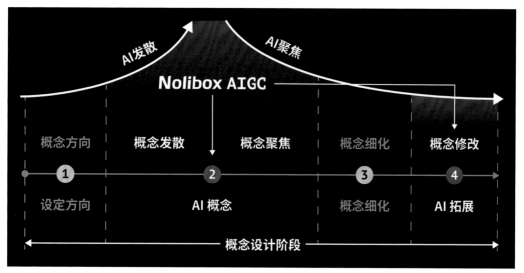

▲ 图 6-11　工业设计的概念设计阶段的 AIGC 作用域

　　在概念发散环节，AIGC 工具可帮助设计师等业务人员提炼设计意向的元素特征，并通过关键词引导等方式，产出融合有指定特征的设计方案，从而辅助业务人员寻找并确定概念方向；同时，经过特定训练的 AI 绘画大模型也可以掌握不同产品线的设计风格和品牌调性，AI 可以自由发散设计思路，自动产出符合品牌定位的产品设计方案。在概念聚焦环节，AIGC 可以辅助业务人员对确认的概念方向进行进一步深化，AI 模型辅助探索指定方向方案的不同表现形式，并通过关键词引导等方式将细节特征融入意向方案。

　　基于上述使用原理，海尔创新设计中心将 Nolibox 的 AIGC 解决方案引入创新平台设计、全新产品设计、产品升级设计、型号拓展设计等环节，涵盖了设计新品、大改款升级、产品外观焕新升级、小改款定制化等工业设计的业务场景。

　　我们认为，不同于面向大众的娱乐化 AI 绘画应用，在打造一款面向专业场景的 AI 绘画工具时，既要使它具备优秀工具产品的基本属性，不仅仅是广泛的 AI 绘画能力和多模态 AIGC 技术组织，而且应将这些能力以"用户易用"方式进行有机的统一与融合，把 AIGC 从"好功能"变成"好产品"。

当前被使用较多的 Gradio 模式，主要面向开发者人群，提供快速搭建模型 Web 端 DEMO 的能力，形成基于表单式交互的模型应用。Gradio 模式是以"模型功能"为主线，一个功能一个应用，对开发者友好，但对于想组合使用各类 AI 功能的用户而言，难以避免一些问题，例如将输入数据、中间数据从一个应用表单搬运到另一个应用表单，容易带来数据存储操作重复、数据丢失等问题。

为了解决上述弊端，我们构建了"AIGC 无限画板"的产品形态，区别于 Gradio 的以"模型功能"为主线，我们采用以"多模态内容"为主线的方式，对于用户上传的或生成的各类图片、文本内容，为用户提供逻辑一致的 AIGC 编辑与创作基建。

AIGC 无限画板支持用户将多模态内容自定义地排列在一个无限空间中，并将文生图、图生图、局部绘制、画面外延、相似生成、模型训练等 AI 绘画功能进行统一，这使得用户可以在一个无限空间内实现创意的生成、创作、参考、对比、延展、整理、融合、局部修补等操作。在这个无限空间里，不同的 AIGC 技术可以相互组合、相互作用，从而发挥"1+1>2"的效果。

目前 Nolibox 所构建的"无限画板形态"已基本成为 AI 绘画，甚至 AIGC 技术服务专业场景的"标准基础设施"。同时，因受制于 AI 绘画技术的局限性及设计行为的复杂性，该产品形态还无法满足所有设计链路中的所有需求，但作为行业先行者，Nolibox 已经迈出了第一步，为 AI 绘画大模型构建了一整套"创作操作系统"并基于专业场景的真实需求不断迭代进化，让每个创作者都可以通过简单的交互，让 AI 赋能于自己的创作过程，离"从无限创作空间到无限创意落地"的愿景又更进了一步。

▲ 图 6-12　AIGC 无限画板

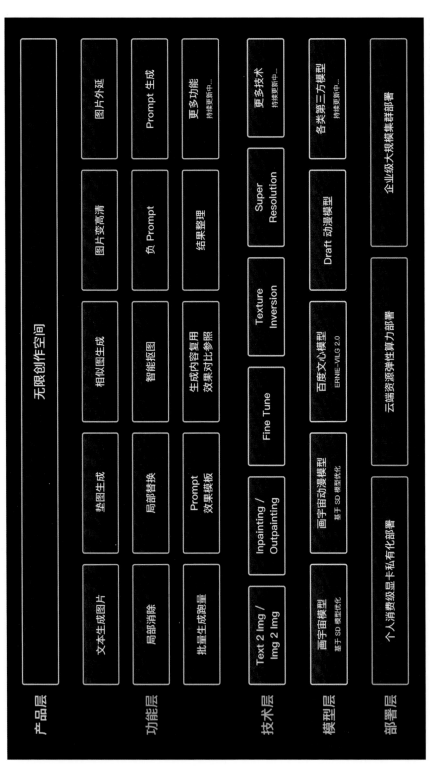

▲图 6-13 AI 绘画生产力工具的框架全景

❶ 全国人民代表大会常务委员会.中华人民共和国著作权法［EB/OL］.中国人大网.（2020-11-19）［2023-06-13］.http://www.npc.gov.cn/npc/c308 34/202011/848e73f58d4e4c5b82f69d25d46048c6.shtml.

❷ 深圳南山区人民法院.南山法院知识产权案件又上榜了！［EB/OL］.（2021-04-30）［2023-6-12］.http://gw.nscourt.gov.cn/article/detail/2021/06/id/6086888.shtml.

❸ Wikipedia.Zarya of the Dawn［Z/OL］.（2023-05-16）［2023-06-13］.https://en.wikipedia.org/w/index.php?title=Zarya_of_the_Dawn.

❹ Blake Brittain.AI-created images lose U.S. copyrights in test for new technology［Z/OL］.REUTERS.（2023-02-22）［2023-06-13］.https://www.reuters.com/legal/ai-created-images-lose-us-copyrights-test-new-technology-2023-02-22/.

❺ Romain Beaumont.LAION-5B: A NEW ERA OF OPEN LARGE-SCALE MULTI-MODAL DATASETS［Z/OL］.LAION.（2022-05-31【2023-06-13】.https://laion.ai/blog/laion-5b/.

AIGC 设计创意新未来

附录
AI 绘画 30 问

本章是为读者精心整理的 AIGC 行业访谈精选特辑——"AI 绘画 30问"，主要包含 Nolibox 团队在不同阶段针对 AI 绘画、大模型、人工智能设计、AIGC 等热点话题的媒体访谈及直播分享内容梳理，为读者展现 AIGC 产业创新领域的真实现状。内容节选自 Nolibox 接受的多家媒体访谈、直播及行研报告，其中包括：36 氪专访、36 氪直播、增长黑盒专访、刺猬公社专访、量子位直播等。

Part 1
模型层混战开启，应用层迎接机遇

随着市面上可用的大模型涌现，应用层企业迎来了发展机遇。一方面，企业可以在对比模型表现、效果、速度、成本等因素的基础上，综合考虑、选择与业务契合的最优解。另一方面，通过接入不同模型能力，企业能够进一步丰富产品形态。现阶段，应用层企业可以与模型层企业达成合作，发挥比较优势，以挖掘特定领域和场景的机会。

第 1 问

近期，OpenAI 动作频频，在开放基于 GPT-3.5 的 ChatGPT 模型 API 之后又推出了 GPT-4。OpenAI 一系列动作对行业内自研大模型的企业有什么影响？

回答

作为技术领先者，OpenAI 开放更优性能的模型接口，对自研大模型的企业会是很大的挑战。对已经推出自研大型语言模型的厂商来说，目前 OpenAI 基于 GPT-3.5 的 ChatGPT 模型 API 成本已经被压得很低，也压缩了其他厂商的实际利益空间，甚至是生存空间。这些企业的投资回报周期可能会被拉长，因为涉及与更优性能模型的对比、竞争。资方，会关注这些厂商自研的大模型与 GPT 差距有多大，是否可靠，是否能够投入到应用层面。对试图进入该领域的初创公司来说，做大模型需要有相关背景。平地而起制作大模型，是很困难的。

第2问

谷歌的 PaLM、百度文心一言近期也纷纷官宣。对应用层企业来讲，大模型混战会带来什么影响？

回答

这对我们做应用层的企业来说更多是机遇。首先，市面上可用的大语言模型越多，我们的选择就越多。企业能在对比模型表现、效果、速度、成本等因素的基础上找到契合业务的大模型。从价格的角度来讲，我们调用第三方大语言模型 API 的成本降低了，相应产品和服务给市场的价格也会变低。其次，在接入不同模型能力后，我们能够服务的企业也变多了。一是能进一步丰富产品形态，二是能够基于相关模型进行二创，提供相应的 API。另外，我们一直标榜自己是多模态画板产品，无论是 GPT-4，还是百度文心一言，新的多模态模型出现，给了我们验证多模态产品形态的好机会。

第3问

Nolibox 目前也使用了多个不同的底层模型，是如何布局的？

回答

我们已经接入了 Stable Diffusion、百度文心、GPT，以及其他一些开源的大模型。目前我们的 API 二创主要是在 Stable Diffusion 的基础上，底层的 building block 则融入了一些我们积累下来的技术，比如 better transformer 和模型的 dynamic loading，使得部署成本、推理速度都得到了较大的优化。

我们首先接入的是图像生成类大模型，文本生成类大模型是后来陆续接入的。GPT 是今年刚接入的，一开始使用的是 GPT-3 davinci 接口，GPT-3.5 API 开放后，我们也正在测试哪款效果更好。另外，我们内部也会对 GPT-4 进行评估，本质上还是看业务逻辑，有没有链路能够和 GPT-4 契合。

第4问

Nolibox 自研这些模型，需要多少算力来做支持？

回答

在 AI 绘画这一块，就我们所知，大家都是在开源的 Stable Diffusion 基础上做调整。我们的优势在产品上，我们致力于打造足够差异化、原子化的产品端，以便能非常轻量化地适应各种客户的特定场景的落地。我们在模型方面做了两件事：

❶ 我们把开源的 Stable Diffusion 重写了一遍，这使得我们从技术上获得了最细粒度的控制，从而确实做出了一般基于开源方案的技术做不出来的事情，比如能通用地生成四方连续图，能够以接口形式或者说动态形式去激活 Textual Inversion 和 LoRA，能够动态激活各种 ControlNet，且推理速度比官方开源版本快 2 倍，等等。在整个行业，这些都是比较领先的优化，会使我们对算力的需求大大降低。这些工程上的优化都是在 GitHub 上进行了大部分开源的，也拿了几千星，是接受过检验和验证的。

❷ 我们针对一些细分行业做一些模型微调（fine-tune）交付给客户，我们平台上的一部分模型也是这样训练的。我们评估过，1 万张图的算力成本大概是 A100 运行半天到一天的时间，效果就很不错了。自研模型行业内还不错的团队都能做，是一个标配的能力，我们在这方面没有比较优势，所以算力需求一般不会超过上述的规模。

一些团队号称做过很多大模型，但我们认为小修小改的行业模型微调不能算作严格意义上的大模型，因为参数量和训练时长没意义。我们认为真正有用的是积累自己的用户以及优质的数据，尽早把迭代飞轮跑起来，同时积累适合自己这套 settings（模型结构、数据分布）的训练经验。国内确实有些团队在这么做，但是数量不多。对于这些团队，我们很敬佩而且也期望他们能成功，同时也希望未来能有合作。

第5问

目前哪些业务场景对算力的要求高？以你所在行业为例，企业对算力有什么特异性需求？

回答

GPU 是深度学习的核心，我们分两块来讨论。

❶ 实时或近实时推理任务响应：为了提供优质的用户体验，AI 绘画应用需要在短时间内生成绘画结果，这需要足够的算力来支持实时或近实时响应。如果用 A100 可能是 0.5 秒出 1 张图，但性价比不高；我们用的是性能中等，但性价比更高的 GPU，不算网络传输大概 2~3 秒出一张图。

❷ 模型训练与推理：基于 SD 训练模型算力要求更高，对 GPU 显存要求也高，过去 DreamBooth 基本要求 16G 显存，最新的 LORA 训练只要求 8G 显存，但考虑到训练速度，肯定还是需要性能更高的 GPU。

第6问

带来机遇的同时，会不会产生新的挑战？例如，从市场层面来说，未来可能有更多竞争对手涌入。

回答

首先，和大部分做应用的友商不太一样，我们基本不做 C 端。虽然我们在 C 端有相应的产品，但它更像是一个广告位，起到"招商引资"的作用。我们主要的目标客户来自 B 端。在 B 端，我们自认为做得不错，因为我们足够聚焦，所以产品形态比较独特、比较完善、比较强大。很多 B 端客户也看重我们的能力，而且客户在对比多家之后选择了我们，所以目前我们不会过于担心竞争的问题。其次，市面上的竞争对手越来越多，反而督促着我们把自己的产品做得更好。另外，我们和国内现存的友商也在持续交流，包括做大模型的和做产品的，大家都愿意开展合作。所以对我们来说，可能并没有太多的直接竞争对手，大家算是竞合关系。

第7问

近期国内出现了不少"自研大模型"的公司，请问大家怎么看待这个事情？如果用不上英伟达的 A100 芯片，在训练自己的大模型时，还能保障足够的精度或有足够的国产芯片算力来支撑吗？

回答

首先看怎么定义"自研大模型"，以及是否有必要。先不提最近很火的语言大模型，就只说一下所谓的"文生图自研大模型"。除了大型互联网公司，他们确实是一直在深耕相应领域，并且有自己的论文和开源代码，最近号称有"自研大模型"的创业公司。恐怕大部分宣传内容都是有水分的。或者这么说，如果没有去做出根本性的、颠覆性的创新，或者说拥有非常坚实的迭代飞轮，而只是在开源项目上做一些小修小改，加入一些糊弄用户及投资人的小技巧，组合一些已有的模块，又或是在某个细分行业训练一个大模型，也能够叫作"自研大模型"的话，那么我们也在做自研大模型，甚至已经做了很多了。例如，我们已经在服装领域、电商领域成功地自研了大模型，并且已经成功交付了。虽然我们不认为这叫自研大模型，但如果能够这么定义，那我们确实在自研大模型。如果觉得这太弯弯绕绕，还有个简单直白的指标：看看相应公司有没有被广泛认可的论文、博客、开源代码（比如 Nolibox 的工程优化代码就在 GitHub 上拿了几千星）。如果没有，而且相应的产品也不算存在迭代飞轮的话，那大概率就不算是"自研大模型"。

另外一个有意思的地方在于，一般大模型指的是参数量很大，但是参数量本身的参考意义并不大，因为有些技术可以快速堆叠参数量。比较典型的技术叫"混合专家模型"（Mixture of Experts，MoE），能把任意模型的参数量直接翻 10 倍，甚至更多。

综上所述，我们对现在"百家争鸣"的现象是比较悲观的，因为这很容易导致劣币驱逐良币，让真正自研大模型的大型互联网公司或创业公司被埋没。大模型不是喊口号喊出来的，是长期、持之以恒的投入带来的。所以理论上，长期布局的企业才会更有希望（如大型互联网公司或者其他深耕大模型的创业公司），而现在才入局的创业公司完全从零开始会很难（除非能强强联手，比如王慧文的光年之外加袁进辉的 OneFlow）。A100 确实可以加速训练，但没有从本质上解决与大模型的科技巨头公司在数据参数量级及训练积累上的差距问题。总之算力从理论上只会是很小的一环。当然，这是针对大型互联网公司来说的，对于创业公司来说，算力就是"天堑"。

第8问

国内外这些自研大模型的企业在考虑商业化时，可能也会以开放 API 调用，或者推出应用程序的方式来进行。尽管刚刚提到了大家倾向于合作，但会不会也存在竞争关系？ Nolibox 如何看待？

回答

我们一直秉承分工的理念，大家都发挥比较优势，才能最高效地把这件事情做大做好。当然有一些做大模型的企业也想做自己的产品，最后也能做出来，但可能没有我们做得好，或者没我们做得快，两者兼顾的可能性较小。因此我们还是很希望和他们多合作。我们提供产品侧能力，对方提供大模型，双方合作后一起服务于 B 端，这也是我们与大型互联网公司谈的合作方式。另外，我们自己开放 API 这件事，对我们来说更多是因为我们有这个能力，顺手开放的。我们最重要的还是服务好特定的客户，并且用相关的数据、反馈去优化产品（包括画宇宙和一些 SaaS）。因为我们给到各方的画板的数据结构都是统一的，可以很方便地回流、利用。

第**9**问

自研大模型企业有没有可能未来通过并购应用层企业来构建自己的生态？

回答

这是有可能的，但大模型企业也不会因为并购就能够占据绝对优势。应用层只是把大模型当作水电站一样的基础设施，大模型与应用层各有各的发展方向。在应用层，也可能产生像移动互联网时代的抖音、美团这样的企业。

AIGC 确实是大趋势，但基础层、模型层、应用层都有大机会和大价值，总需要有企业专心做应用。或者说，一个公司不太可能既把通用大模型做好，又能分配足够精力到应用层，所以做产品应用还是有空间、有价值的。而且我们认为，再过 3~4 年，可能全球做得好的超级大模型有 2~3 个就足够了。但是应用层，每个领域、每个场景都有自己的机会和价值，本身也是可以建立壁垒的。

第10问

ChatGPT 横空出世后，据说现在美国的 SaaS 公司都非常紧张，到底是接入，成本提高；还是不接入，面临用户流失或迁移的痛苦，比如类似 Grammarly 的工具。您怎么看 ChatGPT 带来的对 SaaS 工具、低代码、无代码等各行业的影响？

回答

这个只能根据情况分析，不同行业对 ChatGPT 这种语言模型的需求不一样，得具体分析。大模型不会把所有事情都做了，模型层和应用层做到极致了，都有价值和护城河。而且做大模型的竞争是很激烈的，3年之后，也许全球就只有 2~3 个大模型能真正做成。我们 Nolibox 从高品质的 AI 设计生成出发，所谓设计，简单来说，就是把无限的文字、图片、元素等进行组合、融合、推荐，所以对我们来说，目前 GPT-4 和 SD 对我们都是极大的利好，基于 AIGC 我们更好地解决了素材问题。所以，我很乐意于看到 GPT-4 的进展。

第11问

能否用 1~2 句话概括一下 GPT-4 的发布可能会给国内生成式大模型开发工作带来什么样的影响？

回答

GPT-4 发布和之前 ChatGPT API 一样，会给国内大模型研发带来很大的冲击，会挤压他们的生存空间，同时会对他们背后的资源方（资本、算力）要求更高——无论资本还是企业都需要更有情怀，更有能力，更有信心，更有耐心。

Part 2
模型层难以平地起惊雷，应用层摸着石头过河

目前，无论是自研大模型企业，还是应用层企业，都尚在摸索。Nolibox 形容，对应用层企业而言，这一摸索过程像是"摸着石头过河"——从可以做横向增量的场景切入，基于自身的技术能力，以小成本快速做出最小化可行产品，并在得到市场验证后逐步加大投入。同时，判断是否进入 AIGC 赛道的关键在于企业能否基于生成式 AI 技术进行差异化，以及差异化能否创造超额收益。Nolibox 当前谋求产品侧差异化的主要做法是在模型端重写代码，为垂直场景进行大模型定制与训练，以工作流嵌入定制化功能，降低部署成本和硬件要求，提高运行速度，为专业化的场景进行赋能。

第12问

目前有观点认为，AIGC 领域聚焦应用层的企业难以在产品上实现差异化，这类企业应该如何构建自身壁垒？

回答

首先看壁垒。这可能更多是定义的问题。一般我们说壁垒，可能下意识都会觉得说的是技术壁垒。而既然我们的语境是 AI 创业，可能下意识就会觉得技术壁垒特指 AI 技术壁垒。由此再来看差异化，可能下意识就觉得是在谈 AI 技术的差异化，从而觉得产品应用层难以实现差异化。

但事实上，AI 技术只是诸多技术中的一种，所以真要比较全面地讨论应用层企业的壁垒与差异的话，我们认为不仅可以有，而且可以有很大的壁垒、很大的差异。正如上一个问题里面提及的，想要做好应用层所面临的各种问题，其实反而都是行业内的公开秘密。它们虽然看上去和所谓的 AI 技术相关性不强，却很考验一个企业的综合技术能力与产品

能力。再加上我们觉得比较好的机会是做应用层的基建，这件事情本身，据我们所知，目前在全球范围内都没有一个比较广泛受认可的解决方案，所以壁垒其实还是很高的，做出来之后的差异化自然就会很大，毕竟能做出来的本来就不多。

这里还是以我们 Nolibox 举例。我们结合过去的经验与比较深刻的行业认知，在应用层基建这件事上做了很多探索，并在一个月前开源了一个项目，它对各个技术、产品难题都给出了答案，算是目前较为领先的解决方案。我们会分两个层面来分享一下它目前取得的阶段性成果。

一个是 C 端反馈。从初步的用户反馈来看，我们的路线确实是具有差异化且能被用户认可的。比如我们在 Stable Diffusion 的 Reddit 上发了一个 thread，只展示了该项目能做的很多功能中的一个，就收获了几百 upvotes，许多用户都表达了赞许，或是给出了他们的想法、建议，其中一部分甚至还自发地引导我们和其他国外技术团队接触，我们因此也确实搭上了不少国外团队并达成了一些合作。

另一个是 B 端反馈。从企业服务角度来看，基于这个项目的产品已经获得了各行各业头部企业的认可，包括但不限于工业设计、服装、游戏、媒体、电商、工艺等，我们甚至和一些政府部门达成了合作。与此同时，由于我们的核心架构足够强大，这些合作背后的产品都是由我们的开源项目延展出来的，不需要做很多定制化开发，这意味着我们确实打造出了一套相对通用的标品，它能结合我们对各行各业的行业 know-How，融会贯通各种 AI 技术，并以较小的开发成本完成对各行各业的服务。一个经典的例子就是我们服务某教育上市公司时，仅仅用了半人天的时间，就完成了针对它们的定制、私有化部署与验收，并顺利签下了合同。

目前来看，至少据我们所知，能够以这么低的成本去满足相对较高的企业级产品需求的企业非常少，这背后需要的是一整套成熟的技术、产品架构，这也是我们认为的、应用层的壁垒与差异化。

当然，除去这些自夸的部分，如果我们应用逆向思维，那么在讨论应用层壁垒这件事之前，其实可以倒过来想想：做大模型本身，也就是做模型层的企业，它们就有壁垒、有差异化了吗？如果我们仔细琢磨，就会发现这个问题并不是那么简单。

目前 AI 研究领域里有一种声音，即我们应该重视 Data-centric 的研究方式。Data-centric 不是一个新的概念，它很早之前就存在，而近期它逐渐进入公众的视野的契机，应该就是吴恩达博士对 Data-centric 的重视与发声。那么 Data-centric 研究方式究竟做出了什么成果？至少在我们看来，目前的所有 AI 突破，几乎都是 Data-centric 思想指导下的结晶。比如，Stable Diffusion 模型本身的结构其实只是一两年前的 Latent Diffusion Model 的模型结构，区别只在于它的参数更多、模型更大，然后它的训练数据更多、更好。再比如，Meta 的 Segment Anything Model，模型结构上并没有太多创新，但是整个工作流(pipeline)中有反复的数据迭代过程，从而达到了令人惊艳的最终效果。甚至我们看 OpenAI 的 ChatGPT，它用的技术——GPT-3 与 RLHF，也不是很新的技术，但就是能做到让人啧啧称奇，背后的原因也通常被归纳为 OpenAI 做到了很好的用户反馈—优化—再反馈的迭代飞轮，也就是数据上做出了优势。

那么 Data-centric 必然会导致这一个问题：做大模型本身，优势究竟在于算法部分还是数据部分，是要打一个问号的。这么一来，即使是模型层企业，按照一般的刻板印象而言，似乎也很难说它们有很高的壁垒了。再加上现在开源社区的发展一日千里，所谓的 AI 巨头与普通开发者之间，如果单从技术模型层面来看，差距已经被缩小到令人吃惊的地步。之前不是还有所谓的泄露了的谷歌内部文件说："我们没有壁垒，OpenAI 也没有。"

当然，举这些例子更想说明的是，我们分析壁垒还是要综合分析，而不是只看"AI 模型算法"这个较为片面的部分。我们想表达的是，其他技术架构上的壁垒，以及产品形态的壁垒、数据的壁垒，都是壁垒。

第13问

产品端的差异化主要是体现在功能方面？

回答

是的，比如在模型端通过代码改写后能够支持四方连续生成等，单这一个改动就能切入一些行业。再比如，友商的类似产品可能更多是单图的编辑器。虽然这个可能已经够用了，但对于一些专业的设计师或插画师等对产品要求更高的客户，我们的产品就有一定的优势。我们的产品本质上是无限画板，但可以向下兼容成单图编辑器。同时，我们能够更快实现产品交付。例如，我们与某大型互联网公司的合作案例，其他服务商需要 2~3 个人用 2~3 个月完成，但是我们的无限画板只需 1 人用 1 周就可以交付。

第14问

在做之前，怎么确认这件事情未来可能会成为壁垒？

回答

这个确实无法事先知道，或者说我们尚未找到事先知悉的办法，相当于"广撒网"。因为这个行业完全没有先例，甚至很多和我们合作的友商也明确表明他们也还在摸索，为未来投资。所以基本上没有所谓的标准，大家都在摸索，只是我们刚好撒的网多些，运气好一些，知道了一些目前只有我们能做的需求。

比如最开始的时候，我们认为只要把产品做好，就能吸引到目标客户。我们第一版产品发布时，计划面向的是专业的设计师或者插画师。后来发现真正对我们产品感兴趣的，并且乐意为此付费的客户是另外一个群体。所以这也告诉我们，需要不断地尝试，不能拍脑袋说客户一定是谁。

比如现在不论是电商、服装还是游戏、教育，他们都有这样的需求。但核心还是我们要把产品做好，后面的 PMF 都是水到渠成的事情。

当时在内测的过程中，就有客户表示很喜欢我们的产品。所以我们也尝试站在这些客户的角度，去尝试、去思考我们的目标群体是哪一部分，但是长期来看，我们还是要切入专业设计师群体，算是 B2B2C 的模式。同时，我们希望设计创意群体的利益和 AI 的利益可以是一致的，而不是割裂的、对立的。

第15问

可以理解为 Nolibox 早期其实想采用 PLG（Product Lead Growth，产品引导增长）的方式吗？

回答

刚开始有一些这样的考虑，通过 C 端带动 B 端，免费带动付费，然后再到口碑裂变的传播。但当初我们做 AI 绘画时，国内有成百上千人也在做同样的事，几乎所有人都在做这件事的时候，PLG 是很困难的。

所以我们更多的是定点爆破，利用专业的渠道或者直播的方式进行曝光，这样才能帮助我们更快地拿到第一批业务。我一直都认为 PLG 是一个很好的方式，但不能只采用 PLG。我们认为，等大众对 AIGC 的热情退去之后，谁能真正把客户服务好，谁就能真正赚到钱，这些才是最本质的问题。

第16问

Nolibox 是如何切入市场的？是先有了技术，再通过对客户的调研寻找痛点吗？

回答

这是同步进行的。我们会事先判断做 AIGC 这条赛道，产品的差异化能否给我们带来超额收益。如果这件事大家都能做，意味着产生超额收益的概率很小，那么我们并不适合去做这件事。所以我们是先有这个想法，然后拿着产品去市场上，如果很多人都认可，这就相当于从逻辑上说通了。

如果产品或功能不能切中某个痛点，那么这条线就不值得我们去做。目前，我们有点摸着石头过河的感觉，或者我们判断它是有用的。但至少目前看来，我们算是摸到了不少石头，因为确实挺多人愿意为此付费。

第 17 问

在 Nolibox 产品商业化的摸索过程中，你们可能发现对某些人群来说痛点的确存在，但如何判断这个市场就是一个值得投入的市场？

回答

首先，我们的第一步就是不做 C 端，而是去验证产品最核心的那一部分逻辑。一开始我们其实没有全力推产品，随着聊的客户越来越多，我们才逐步投入更多人力。举个例子，我们现在画宇宙产品的 MVP（Minimum Viable Product，最小化可行产品），是我们 CTO 一个人用一个星期写出来的（因为之前有相对厚的积累）。所以，一开始我们会以小成本、小规模地去尝试，当我们发现它足以撑起足够大的市场时，我们才会进一步投入，因为此时已经有很大的订单在等着我们。其次，在这个过程中，我们其实也收集了客户反馈，并不是发现一两个小的痛点就决定去做，而是关注可以横向做增量的场景。比如四方连续，可以做印花或者服装面料生成，虽然这是一个很小的点，但它可以横向拓展出多个场景，还可以做背景，等等。一个点能带来大量订单，解决的痛点虽然是个小点，但是市场层面的需求量却不少。

Part 3
拥抱新技术，成为颠覆者而非被颠覆者

不同于上一代移动互联网应用层企业的发展逻辑，AIGC 是技术突破，创业公司难以从填补市场或产品空缺的角度寻找发展方向，更多需要将生成式 AI 技术与其他技术、产品结合。同时，对现有企业而言，在新技术已经显现颠覆性能力但尚未大规模应用时，或许正是考虑能否以及如何将新技术与业务逻辑耦合，进行产品、模式创新的好时机。

第18问

你们是否认为中国 AIGC 应用层的发展都是慢慢地找到行业落地场景和痛点这样一个过程？

回答

我们认为是的。因为美国企业也一样，比如 Figma 也是花了 10 年的时间成长，一步一步走。开始的时候总要经历一个摸索的过程，如果走得太快，做出来的产品可能是很虚的，或者说容易踏空。

美国的 SaaS 发展的第一个阶段主流也是定制化。SaaS 本身是很讲方法论的，如果美国企业有这种经历，那中国企业大概率也会经历这样的过程。定制化可能是一个正常的、自然的必经之路。再过几年，这种情况会好很多，但目前也不能完全依赖定制化。就我们而言，如果定制化只需要很小的改动，那么不会占用过多精力，毛利不错，或者分成也比较好，这种情况下，我们就会去做。

第**19**问

在你们看来，国内在 AIGC 应用落地这方面会不会参考美国同类企业的做法呢？

回答

是会参考的。我们会关注美国这类 AIGC 的创业公司，看他们在做什么项目。比如外国做游戏做得还可以，我们就联系游戏公司，看他们有没有类似的兴趣。美国企业一般会针对一个比较具体的痛点，解决相对比较垂直的问题，先把问题解决好，然后再逐步做大，这也是目前我们想走的路。

第**20**问

之前的移动互联网时代，涌现出一批中国企业引领模式创新和应用层市场增长。您认为 AIGC 领域能否有类似的情况出现？

回答

在移动互联网浪潮中，中国企业确实凭借其独特的模式创新和对 C 端市场的深入理解，受益于人口红利，成功地填补了产品空缺，引领了一系列应用层市场的增长。

而对于 AIGC，它代表的是一种技术上的突破。单从技术层面来说，AIGC 可能并不能像移动应用那样直接填补产品空缺。但我们不能单纯地把 AIGC 视为一个孤立的技术。当我们考虑如何将 AIGC 与其他技术和产品结合时，它的潜在价值就变得更为明显。

要点在于，只依赖 AIGC 技术去创新可能会有风险，因为它的核心技术是开源的，这意味着没有强烈的技术壁垒。但如果我们能够巧妙地将 AIGC 与其他领域、技术或工具相结合，创造出真正有价值的产品或解决方案，那么就有可能颠覆或重新定义某个市场领域。

例如，结合 AIGC 和设计，或者与物联网、大数据等其他技术领域进行融合，可能会创造出全新的产品和服务。关键是要确保这些结合能够满足客户的实际需求，真正为他们带来价值，并在市场中建立规模效应和数据闭环的壁垒。

第21问

能否结合 Nolibox 的情况，具体阐释上一个问题的回答中"技术只是一种手段，重要的是能解决哪些客户的需求，产品是否真的有价值，以及是否充分发挥了数据闭环、规模效应的壁垒"这句话？

回答

从 2021 年至今，我们的业务主轴没有发生明显的变化，始终保持对智能设计和智能创意工具的研究及落地，但由于 AI 技术的持续进步，我们可以实现技术与产品之间更紧密的结合。

这里，我想强调："技术只是一个手段。"回顾我们整体的发展历程，我们并非盲目追求技术的前沿，而是注重如何利用技术解决实际问题，为客户创造价值。2021 年时，几乎没有人提 AIGC 这个概念。那个时候我们利用 AI 技术解决的是比较实际的问题，比如一些检索技术：文搜图、图搜文或者图搜图，包括生成营销内容，不需要 GPT 也能做。然而，随着生成式 AI 技术的崛起，尤其是 Stable Diffusion 和 GPT 模型 API 的开放，我们发现了新的可能性。这些先进的技术使我们得以完善现有产品，例如加强我们的无限生成能力。

再次强调，单纯的技术进步并不等于成功。只有当这些技术能够充分满足客户需求，为他们创造实际价值，并在市场中建立起一定的壁垒，如数据闭环和规模效应，才能称得上取得成功。我们的下一步，即整合"AI 设计"与"AI 创意"，目的正是为了打造一个真正具有市场竞争力的"AI 设计创意生成工具"。

第22问

之前提到 PLG 模式在 AIGC 有大量应用层企业涌入时，可能并不适用。也有观点认为 AIGC 和 ChatGPT 的爆火，会对原来的 Grammarly 和其他效率提升工具，甚至 PLG 模式产生冲击。能否谈谈你们的见解？

回答

影响是会有的，但不是所有产品都会被颠覆。需要关注产品主要解决的需求能否利用新技术得到更好满足。从技术层面来讲，也许新技术的爆火会给之前的技术带来冲击，但新技术并不能垄断所有功能。比如 Grammarly 是做英文语法矫正的，可能会有人认为未来不需要矫正了，直接用 AI 写。包括有一些企业会用 AI 生成 UI 设计，可能会对现有的相关效率工具产生影响。

另外，PLG 只是一个概念或方式，好比去罗马有坐汽车、飞机等多种选择，而不是只有一种。但同时，理论上，作为 PLG 公司，当新技术出现时，首先应该考虑的是能否以及如何将新技术运用到提升自己的产品上，以实现更快的增长，而不是等着被新技术颠覆。就像 Grammarly 完全可以选择 ChatGPT 接口来帮助自己降本增效。这其实是选择被颠覆，还是跟上潮流做自己的二次增长曲线的问题。如果企业选择抵触，就类似马车夫不去学开车，对自己其实是没有帮助的。不如怀着更开放的心态，或是抱着对未来世界的憧憬，参与到这一波 AIGC 带来的变化中，与模型层、应用层的公司共创，迈向下一个时代。

Part 4
聚焦垂直行业应用落地，持续探索商业模式创新

第23问

如何看待当下生成式 AI 引发的新浪潮和 AI 发展趋势？

回答

❶ 在这次 AIGC 浪潮中，过去的内容供需均衡将被打破，高质量和低成本可以画等号，创意市场将由专业化走向全民化，催生出海量的高质量设计创意内容并产生巨大的商业价值，设计创意产业迎来生产力大变革。

❷ 专注大模型和专注场景或产品都有大价值和大机会。在"大模型"赛道将产生极少数巨头，但在"场景、产品"赛道将产生多个巨头。

❸ 创造力与 AI 将深度融合，从概念创意到设计应用到设计分发，设计创意行业智能化进程将进一步加速，创意工作者可以通过 AI 赋能，从烦琐重复的设计创意工作中解放出来，聚焦更具创造性的创意工作，关注创造力本身的同时也关注商业化成果。

第24问

通过学习海量素材，AI 能够复刻用户所制定的某种风格或元素，有设计创意从业者（如插画师、平面设计师等）认为这种 AI 生成的内容本

质上会挤压人类设计师的生存空间。您怎么看？

回答

我们不得不承认，人类设计师的生存空间势必会随着生产方式的变化而发生变化，那么具体是"被挤压"还是"被赋能"，我们需要根据具体情况去解读。一些低创意程度、设计链路相对简单的设计职位会面临很大冲击，如电商设计师、装饰设计师、纯 UI 设计师、部分服务于商业快消品和产品运营的插画师等。这部分工作其实不是交给了 AI，而是交给了该职位的上下游，如运营、策划等，他们可以通过 AI 工具快速产出内容交付市场。但对于一些更加复杂、整体设计链路更长、专业程度更高、交付要求更严格的设计行业，AI 技术还显得相形见绌，如工业设计、建筑设计、游戏设计等，AI 仅仅可以负责设计全链路的早期概念设计阶段，用于设计师的"灵感辅助激发"等。对于这类行业的设计师，AI 的到来反而对其能力提升尤为显著，在设计生产流程分工更加精细化的趋势下，设计师和 AI 之间的巧妙融合会进一步凸显设计师专业经验的价值性。

第25问

您认为 AIGC 如何在"帮助用户产出更好的内容"和"卷死设计师"之间取得平衡呢？

回答

如果一个优秀的设计师可以更好地使用 AI 绘画工具，那么这对他自身的能力提升是非常有益的。由于 AI 打破了设计行业原有的供需关系，新的设计服务模式及供需关系也会重新建立，在新的服务模式下，设计师会尽快调整自身的商业模式来确保自身的利益最大化。我简单举一个例子，以往的设计师都是一对一服务客户的，一套物料设计一般情况需要 7~14 天的交付周期，在此期间一个设计师很难有精力同时服务 3~5 个客户，设计师本质上是拿时间换取金钱。但有了 AI 辅助，未来设计师是否可以基于训练一个自己的风格模型服务不同设计需求的用户呢？单一的设计结果通过 AI 延展为无数种可能，设计师的边际成本极大地降低。但这有一个前提，就是这个设计师专业能力过硬，产出设计品质较高，所以 AI 也是设计创意领域的一面"照妖镜"，自身具备强大素养的优秀设计师反而可以过得更好。

第26问

一些人认为 AI 绘画模式，会让设计创意行业的"自主创新"止步。您怎么看？

回答

首先，AI 在设计领域的介入并不代表对"自主创新"的终结。事实上，AIGC 的涉足为整个行业带来了独特的机遇。它不仅提高了设计领域的专业门槛，更为重要的是，它降低了非专业人士参与创意的难度，使得更多人可以轻易地创造并分享自己的设计思想。这样的变革，将为我们带来更丰富和多样的创意内容。

历史上，设计行业的工具和技术不断进化，从手绘到 PS 和 CorelDRAW，再到各种在线模板设计平台。今天，AI 设计工具的出现，将在某些领域内带来变革，尤其是那些更注重执行而非创意的职位，如电商设计师或 UI 设计师。这意味着，某些简单的设计任务将更多地被 AI 工具和非专业的操作者完成。

然而，对于那些需要深度思考和专业知识的设计领域，如工业设计和建筑设计，AI 在目前阶段还只能作为一个辅助工具。它能够帮助设计师在早期提供灵感和方案，但真正的创意设计仍然需要专家来完成。AIGC 的存在实际上为这些专家提供了更多的工具和方法，使他们能够更加高效和专业地工作。

未来，设计行业可能的发展方向是人与 AI 的深度协同。例如，在 Nolibox 中，虽然我们使用 AI 技术来生成设计，但设计师在初期仍扮演着关键角色，如为特定场景训练模型或注入他们的专业经验。设计师需要转变思维，学会如何有效地与 AI 合作，以创造更出色的设计作品。

综上所述，AI 并不是取代设计师，而是与他们共同合作、共同创新的工具。为了在这个变革的时代中取得成功，设计师应该更加重视自己的创意思维，并学会如何将 AIGC 技术纳入自己的设计流程中。

第27问

AIGC 模型的形成和完善依赖大量的数据训练，而用于训练的数据往往包含受版权法保护的内容，所以在感慨 AI 超强的内容生成输出能力之外，各界也开始思考 AIGC 可能带来的风险。AIGC 是如何利用版权作品进行数据训练与输出成果的？这一过程存在哪些侵权风险？应当如何有效应对 AIGC 版权利用带来的侵权风险？

回答

这个完全看模型方的选择，比如 Stable Diffusion 用的是 LAION–5B 数据集，收集过程中可能版权意识没那么高，会存在侵权情况。目前来看，AIGC 版权问题是 open problem，大家也都在等一些标杆案例。以文生图为例，公司请设计师和 AI 来画图，设计师导致公司被告的概率远大于好的 AIGC 生产力工具，当然，我不是主张 AIGC 取代设计师，而是更多地赋能设计师和企业主。如果马路上全是自动驾驶车辆，那么交通事故发生概率将远低于目前。如果 AIGC 很好地赋能设计创意的生产，那么版权风险也将远低于目前。

第28问

Nolibox 这种在 AI 绘画领域已经具备先发优势的企业，如何应对在市场拓展过程中遇到的挑战？

回答

产品为王，优秀的产品能吸引客户，客户也会向他人推荐，我们第一个客户是还在内测的时候就找过来的，提了很多需求点，为我们的场景切入奠定了基础，后面就很自然地切入这个行业了。前期的挑战是产品定价，但是订单量逐渐增多后，定价就会规范化。具备先发优势的 AIGC 领域企业更加应该集中精力打造具有行业壁垒的标品，同时基于行业的头部用户共创进行产品迭代，稳固自身的行业壁垒，一家可以做大的科技企业一定不是只能提供定制化服务的，而是可以打造标准产品并大规模推广的。尤其对 AIGC 领域初创企业而言，不要执着于接 1~2 个看似很大，但需要完全定制化开发的订单，如果企业现金流紧张，为了短暂过度，接一下无妨，但不能执着于此。

第**29**问

中国生成式 AI 的商业化前景及最快能落地的可能是哪些领域？

回答

我个人觉得多模态是趋势，过去的一些矛盾体可以共存，比如"高品质 + 低成本 + 快响应"满足高频、丰富的场景需求。最开始落地的，应该是一些要求不是特别高的场景，对失误有比较好的容错机制的场景。如果是 tob 的话，那么和行业的头部企业共创，实现从定制化到标准化，和细分的场景结合，和真实的需求结合。

第**30**问

在以 ChatGPT、Midjounery 为代表的生成式 AI 爆火之后，AI 大模型成为下一个人工智能的高地。对入局这个赛道的中小企业来说，还有什么机会？

回答

我们认为主要有两个机会：在行业 Know-How 的基础上做好产品，也就是做好所谓的应用层，以及做大模型的基建，包括但不限于算力、算法、数据、训练、推理服务。当然业界一般认为还有一个中间态的机会——做领域大模型，通俗点来说就是模型微调（fine-tune），但我觉得这个机会更像是做应用层的企业必然要做的事情，再加上领域大模型必然需要行业 Know-How，所以我们会把 fine-tuning 归结到应用层。

下面展开说一下这两个机会，首先是应用层。大模型的蓬勃发展必然会导致生产力的变革，然而这种变革究竟是一时的热度还是长久的革新，需要看应用层能否真正地把技术转换为生产力工具。应用层的机会源于以下几点：企业应该做出怎样的技术架构，才能够紧跟 AI 难以想象的多样性与发展速度，把它们真正地融会贯通，并真正地触达用户？应该做出怎样的产品形态，才能用一套相对统一的产品，去服务各行各业的人群？由于这一波 AI 浪潮方兴未艾，这些问题其实都是 open problem。虽然看上去和所谓的 AI 技术相关性不强，却很考验一个企业的综合技术能力与产品能力。

目前应用层的项目或企业已经初步出现了一些常见的形态。

第一种是开源社区的、偏 demo 形态的、但是更新迭代非常快的开源项目，典型的例子就是 Stable Diffusion WebUI。这种项目在海外可能出现得较多，主要原因不一定是国内做得少，而是国外的各种宣发途径可能在国内不太接触得到，导致国内项目普遍知名度较低。第二种则是在第一种项目基础上做二次封装、开发，并结合自己的渠道、流量优势或者行业 Know-How 去服务 C 端、B 端用户，可能国内初创企业有较大比例都是这种形态。这种形态的优势在于能对第一种项目更新出来的功能及时跟进，缺点则在于依赖性过强，容易被"卡脖子"，而且可能做出来的产品比较局限，无法很好地泛化到其他领域。换句话来说，就是很难做出通用的标品。第三种则是做应用层的基建，这一种在全球范围内都比较少，相对难度也会比较大，却是我们觉得应该去做并且需要去做的，这种模式的目标是结合前两者的优点并克服前两者的缺点。

回顾前两种形态我们会发现，第一种的优点是迭代快，缺点是难以商业化，更像是 demo；第二种的优点是能结合行业 Know-How 来做产品，缺点是依赖性强、可迁移性弱。所以所谓的应用层基建，需要去构造一套架构，使得它从技术上能很容易地让开源社区参与进来、做出贡献，从而让迭代速度变快，产品上又能满足各行各业用户的需求，亦即它需要是一款企业级的产品，同时还要具有可迁移性。如此一来，这套架构既迭代速度快，又能结合行业 Know-How，还能做到强可迁移性。因此，尝试去设计并实现这样的架构，就是我们认为较为理想的应用层机会。

除了应用层的机会，前面还提到另一个机会：做大模型的基建。这一块其实对于一般意义上的"初创企业"较为困难，然而在当前这个大模型创业的环境下，随着各路风云人物入局，当前已经有不少"初创企业"拥有足以比肩创业许久的企业的可观的资源，所以将这个机会纳入考虑也就不奇怪了。

之前提到过算力、算法、数据、训练、推理服务。如果一家企业足够有野心，这五项服务是应该整包在一起对外服务，OpenAI 目前就在这个路子上大步前行，而且已经完成了百分之八九十的工作了。当然作为初创企业，即使是资源很多，一开始也不应该大包大揽，而应该找到适合自己的切入点。此时，其实各个企业应该抓住哪个机会纯粹看手头上的资源与比较优势。比如说，如果是以云服务器起家的"初创企业"，自然就应该从算力、训练、推理服务入手；如果是算法背景的"初创企业"，自然就应该从算法、数据、训练服务入手；等等。

附录
参考文献

❶ OpenAI.Pricing［Z/OL］.（2015）［2023-06-13］.OpenAI. https://openai.com/pricing.

❷ carefree0910, Explosion-Scratch.carefree-creator［Z/OL］.（2023-06-08）［2023-06-13］.GitHub.https://github.com/carefree0910/carefree-creator4.

❸ carefree0910.carefree-learn［Z/OL］.（2023-06-13）［2023-06-13］.GitHub.https://github.com/carefree0910/carefree-learn.

❹ 付博铭,沈栋梁,王鲲,等.AI技术发展激发算力需求［Z/OL］.（2023-03-28）［2023-06-13］.36氪.https://zhibo.36kr.com/9022/2182321024007944?platform=pc&mode=imagetext.

❺ Wikipedia.Mixture of experts［Z/OL］.（2023-04-04）［2023-06-13］.https://en.wikipedia.org/w/index.php?title=Mixture_of_experts.

❻ 沈筱,王与桐.36氪专访Nolibox：AIGC应用层迎来发展机遇,但尚在"摸着石头过河" | Chat AI［Z/OL］.（2023-04-02）［2023-06-13］.36氪.https://36kr.com/p/2193901917341828.

后记
让想象力环绕整个世界

黄晟昱

Nolibox 计算美学联合创始人
清华大学设计学博士研究生

　　当今时代是人类社会发展的跳跃式阶段，以 AIGC 为代表的新兴技术爆炸式革新，不仅把人工智能的发展推进到一个新阶段，同时不断地刷新人们对自身能力的认知。这导致了两个极端的结果：一部分人满怀期待，畅想着 AI 赋能下的未来美好生活场景；另一部分人对 AI 展现出的惊人进化能力感到担忧，对未来人们赖以生存的诸多技能可能被替代而感到焦虑。似乎一夜之间，从教授到学生，从老板到员工，人们似乎都在讨论和尝试 AIGC。社交媒体充斥着有关 AIGC 的内容，仿佛不了解它就会被时代抛弃。

　　正如许多人所感受的那样，我对"被动接受型"的"焦虑贩卖"也相当排斥。因此，作为本书的主编之一，我希望可以通过本书对 AI 绘画的全方面剖析，让读者以一个客观理性的视角了解目前 AI 绘画将对不同行业产生的真实影响，更重要的是知晓 AIGC 技术的局限、瓶颈及风险，摆脱"神话 AI"的陷阱。虽然我们也希望"让每一个人都享受好创意的设计普惠愿景"早日到来，但我们必须冷静地意识到，技术的进步及转化落地不是一蹴而就的，而是需要时间去持续试错及磨合的，当然被称之为"科技奇点"的 AIGC 也不例外。法国哲学家亨利·柏格森（Henri Bergson）曾说过："对新的对象必须创出全新的概念。"我们首先要做的就是对这个"奇点"有全新而清醒的认知。

我们在当下不得不面对的问题是：在不可抗的 AIGC 极速进化趋势下，我们应该做什么？我们应该怎么做？似乎每一次生产力的革新的节点，都伴随着同等的挑战和机遇，我们是否可以寻找到 AIGC 冲击下自身行业的机会？相信阅读完本书的读者会在心中埋下答案。

不久的将来，AIGC 将让人类的创作成本趋近于 0。我们相信未来 5 年 AIGC 将影响至少 10 亿人的创意、创作、创新过程。在这次 AI 绘画蓬勃发展的浪潮中，过去的内容供需均衡将被打破，高质量和低成本可以画等号，专业化和低门槛可以共存，设计创意市场将由专业化走向全民化，催生出海量的充满想象力的创意内容并产生巨大的商业价值，倒逼整个设计行业革新生产方式。对设计创意从业者而言，AIGC 得以让专业设计领域的智能化进程进一步加速，设计师在 AI 的辅助下从一些"创意程度较低"的重复工作中解放出来，聚焦在更具创造性的设计思维环节，在关注"创造力本身"的同时也关注"设计的人文关怀"。技术虽然改变了我们的生活，但重塑我们世界的则是设计创意。

最后，借用爱因斯坦的一句话"想象力比知识更重要，正因知识是有限的，而想象力概括着世界上的一切，推动着进步，并且是知识进化的源泉。"期待读者以充满想象力的姿态迎接 AIGC 的到来，并抓住时代浪潮下独属于你的机遇！

扫描下方二维码

查看完整的「艺术家 / 艺术风格 / 细节」提示词表

图书在版编目（CIP）数据

AIGC设计创意新未来 / Nolibox计算美学著. -- 北京：中译出版社，2024.2
ISBN 978-7-5001-7457-8

Ⅰ．①A… Ⅱ．①N… Ⅲ．①图像处理软件 Ⅳ.①TP391.413

中国国家版本馆CIP数据核字(2023)第167842号

AIGC设计创意新未来

作　　者：Nolibox计算美学
策划编辑：刘　钰　王珩瑾
责任编辑：刘　钰
营销编辑：王珩瑾　赵　铎　魏菲彤　刘　畅

出版发行：中译出版社
地　　址：北京市西城区新街口外大街28号普天德胜大厦主楼4层
电　　话：（010）68002494（编辑部）
邮　　编：100088
电子邮箱：book@ctph.com.cn
网　　址：http://www.ctph.com.cn

印　　刷：北京盛通印刷股份有限公司
经　　销：新华书店
规　　格：710 mm×1000 mm　1/16
印　　张：19.5
字　　数：150千字
版　　次：2024年2月第1版
印　　次：2024年2月第1次印刷

ISBN 978-7-5001-7457-8　　定价：119.00元